組成世界的微小存在

元素週期表
超圖鑑

元素周期表 PERFECT GUIDE 編輯團隊／編　　陳朕疆／譯

U0056204

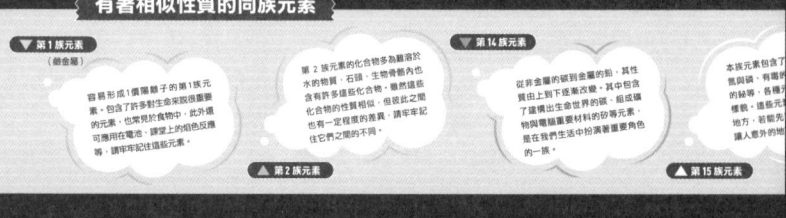

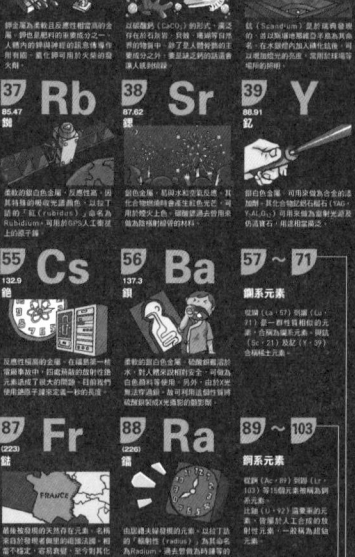

本書開頭的摺頁海報附錄可以沿著虛線剪下，自由地貼在任何地方。海報中用插圖的方式，淺顯易懂地標示出元素的用途和由來，並將金屬和非金屬元素以顏色區分。當然，也收錄了 2016 年才正式確定的 4 個新元素。

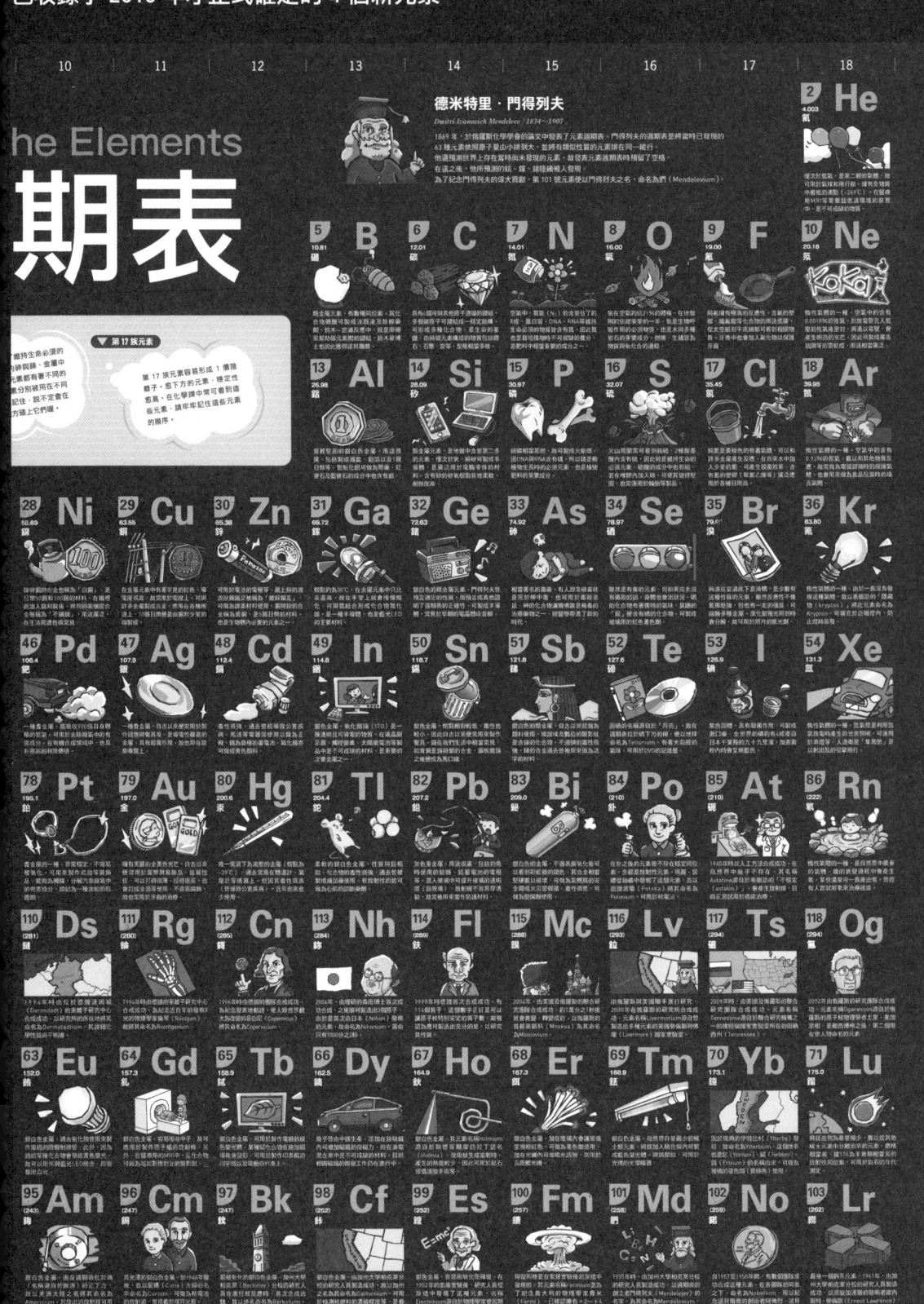

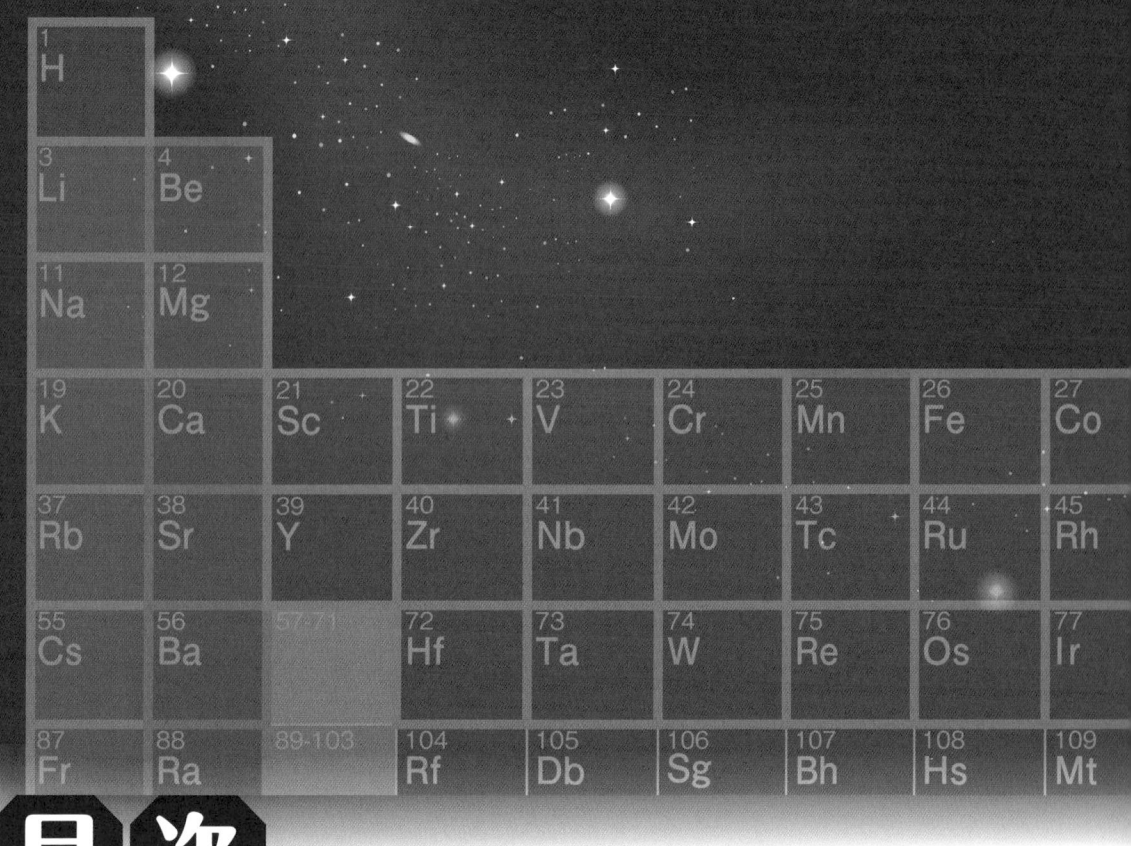

目次

第1章　元素的真正樣貌

					2 He
5 B	6 C	7 N	8 O	9 F	10 Ne
13 Al	14 Si	15 P	16 S	17 Cl	18 Ar
29 Cu	30 Zn	31 Ga	32 Ge	33 As	34 Se	35 Br	36 Kr
47 Ag	48 Cd	49 In	50 Sn	51 Sb	52 Te	53 I	54 Xe
79 Au	80 Hg	81 Tl	82 Pb	83 Bi	84 Po	85 At	86 Rn
111 Rg	112 Cn	113 Nh	114 Fl	115 Mc	116 Lv	117 Ts	118 Og

第 2 章　精通元素週期表

第3章 元素與人類的腳步

第4章 由元素構成的世界

第 5 章　118 種元素卡片圖鑑

第1章
元素的真正樣貌

即使看到列在元素週期表上的元素名稱或
數字，也看不懂那代表什麼意思。
歸根究柢，「元素」到底是什麼呢？
讓我們一起看看元素的真正樣貌吧。

元素與原子

我們把這個宇宙中各式各樣的「東西」都叫做「物質」。不管是我們平時會用到的各種工具，還是我們的身體，甚至是地球、太陽等所有的星星都是物質。那麼這些物質又是由什麼樣的東西建構而成的呢？

古希臘哲學家德謨克利特（西元前460年左右～西元前370年左右）也抱持著同樣的疑問。他是這樣想的：

「當我們把物質愈切愈細時，最後應該會得到要是再分割下去，就會失去該物質之性質的『小到極限的粒子』。這應該就是組成物質的最小單位……」

德謨克利特所說的「小到極限的粒子」，在現代科學中就是名為「原子」的單位。有些物質像金屬一樣，是由大量原子聚集而成；也有些物質是由各種原子以一定比例組合而成的「分子」所構成。不過不管是哪種，都符合「物質是由原子組成」的敘述[1]。

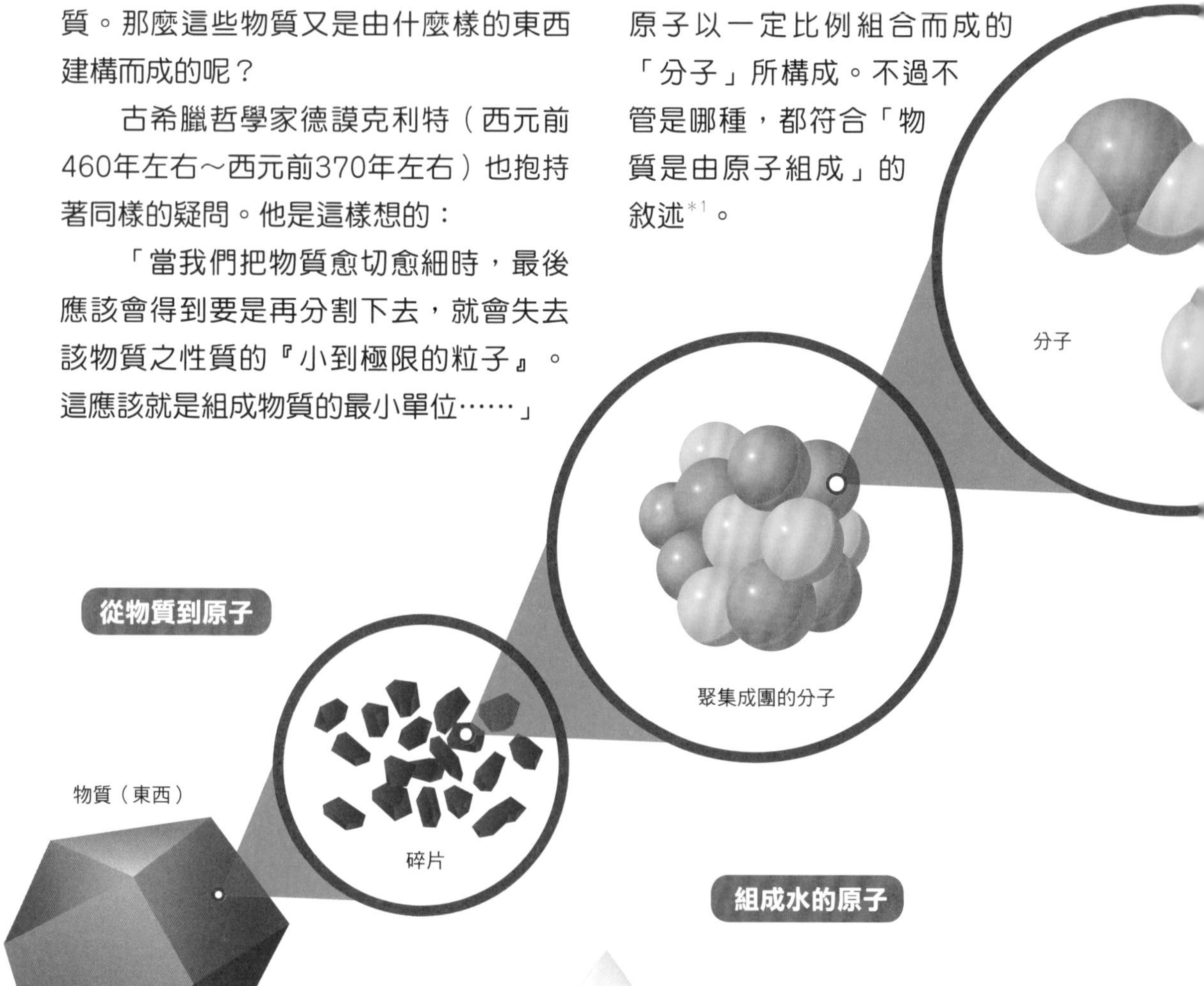

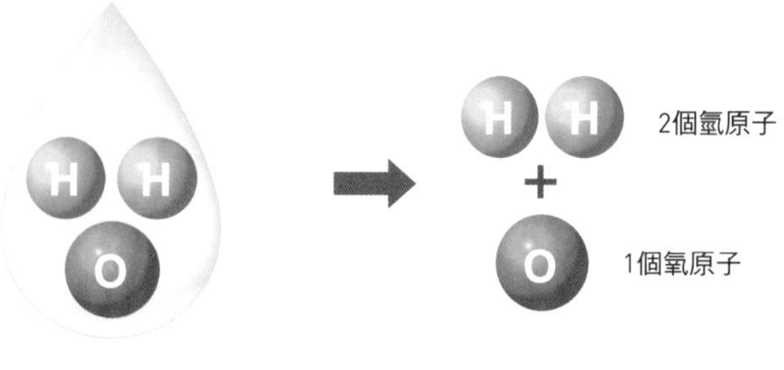

分子

從物質到原子

聚集成團的分子

物質（東西）

碎片

組成水的原子

◀1個水分子是由1個氧原子與2個氫原子，共3個原子所組成的。

2個氫原子

+

1個氧原子

*1 嚴格來說，宇宙中還有其他比原子更小的單位單獨存在。

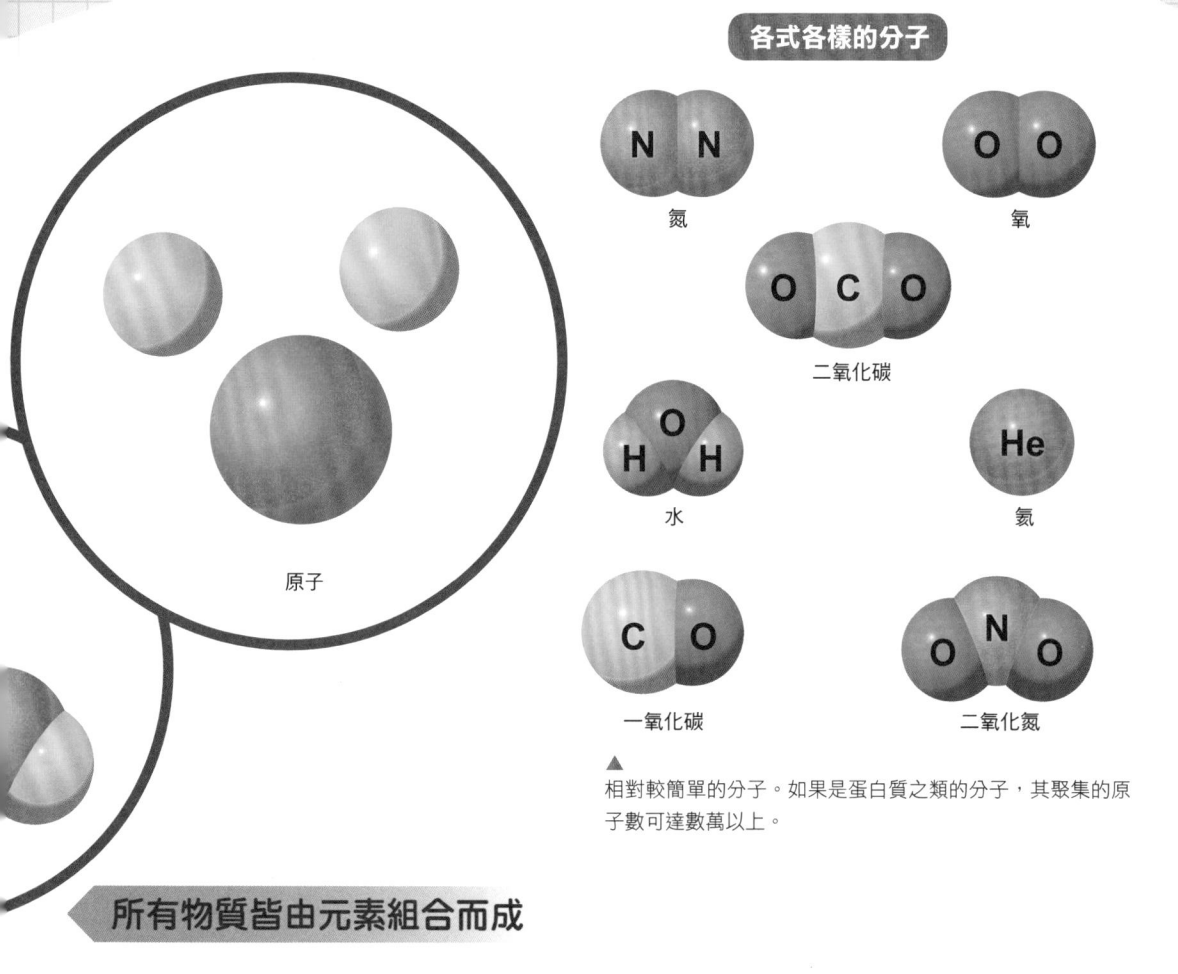

各式各樣的分子

氮

氧

二氧化碳

水

氦

一氧化碳

二氧化氮

原子

▲
相對較簡單的分子。如果是蛋白質之類的分子,其聚集的原子數可達數萬以上。

所有物質皆由元素組合而成

由此看來,我們之所以會稱它為原子,是因為原子是「組成」物質的「粒子」。這些構成物質的「粒子」都叫做原子,但不同種類的原子有著完全不同的性質。當我們把焦點放在「不同種類」的原子上時,會稱其為「元素」。

舉例來說,在我們周遭隨處可見的水,就是由3個原子連結而成。從元素的角度來看,其中1個原子是氧,另外2個原子則是氫。此外,我們體內還有著各式各樣的分子,這些分子分別是由氧、氫、碳、氮、氯等彼此性質不同之元素的原子組合而成。

到目前為止,已發現的元素有118種。然而這些元素的組合有無限多種,使得宇宙中的物質種類多到數也數不清。

每種元素的性質各有差異,而在以不同方式組合成分子時,又會呈現出更多不同的性質。隨著元素的種類、組成原子的個數、組合方式(排列順序、連接方式)的不同,組合而成的分子性質也會有很大的差異[2]。我們的身邊或者是宇宙間之所以會有那麼多不同性質的物質,就是因為元素的排列組合相當複雜的緣故。

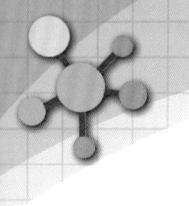

原子的結構

原子是由原子核與電子所組成

在探討不同元素的差異之前，先讓我們看看原子的結構。

直到19世紀初，人們才能夠從科學的角度，將原子、分子及元素等概念分辨清楚。而直到20世紀初，人們才知道過去認為是最小單位的原子之下，還有更細微的結構。這些更細微的結構大致如下圖所示。

原子周圍有數個「電子」，而正中央則有1個較重的「原子核」。電子帶有負電荷，原子核則帶有正電荷，兩者互相吸引，構成了整個原子。正好和太陽與行星藉由引力（重力）彼此吸引，構成了整個太陽系有些相似。

位於原子中心的原子核由帶有正電荷的「質子」（因此使原子核帶正電），以及不帶電的「中子」組成。舉例來說，一般的氫原子核只有1個質子，而氦原子核則由2個質子與2個中子所組成。原子核所擁有的正電荷強度，取決於這個原子核內有多少質子。

電子總是在固定的地方移動

1個質子的正電荷強度與1個電子的負電荷強度相同，一般來說，原子核的質子數會與原子周圍的電子數相同。

原子核的周圍就像洋蔥的皮一樣分成很多層，而電子就是存在於這些固定的區域內。這些層稱為「電子殼層」，其名稱從內而外依序是K層、L層、M層……。而這些電子殼層中，不同的電子殼層可容納的電子數量＝「電子軌域」也各有差異，依其性質可分為s軌

原子結構

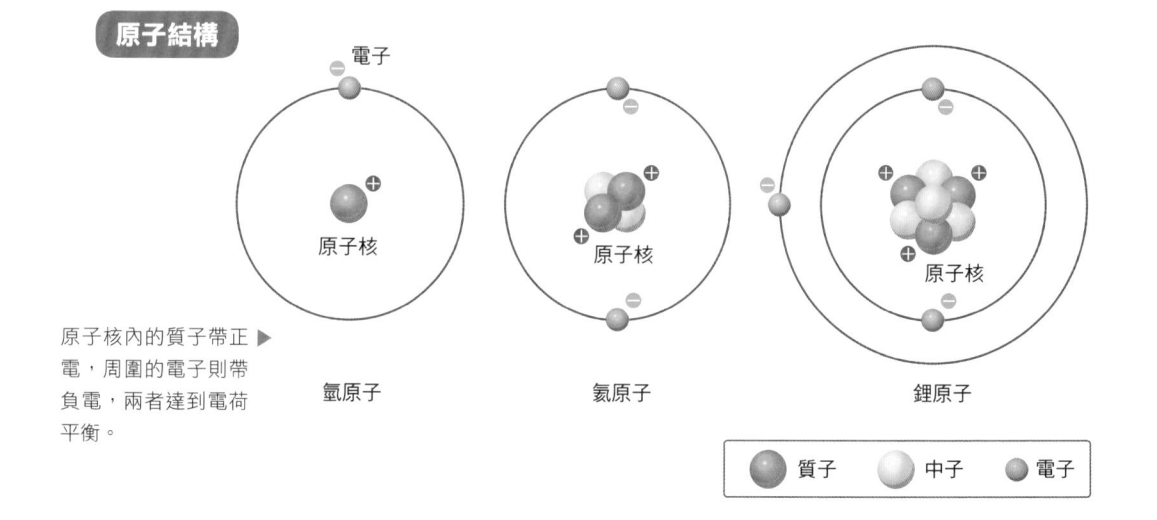

電子

原子核

原子核

原子核

原子核內的質子帶正電，周圍的電子則帶負電，兩者達到電荷平衡。

氫原子　　　　　　　氦原子　　　　　　　　　鋰原子

● 質子　　● 中子　　● 電子

域、p軌域、d軌域……等。

　　舉個例子，我們可以把電子殼層想像成一個「家」，而電子軌域就像是「房間」。愈往外側的家（電子殼層），房間數（電子軌域的數目）愈多，房間也愈大（可以容納的電子數愈多）。也就是說，愈外側的電子殼層，可以容納的電子數就愈多（可讓許多電子進入）。

　　另外，每個電子軌域的進入門檻（能階）各有不同，而電子會從能量最低的內側軌域開始依序填入。就像是人們會先從房租最低的房間開始入住一樣。

電子殼層的結構

電子存在的區域稱 ▶
為電子殼層，電子
殼層內有可以容納
電子的各種房間
（電子軌域）。

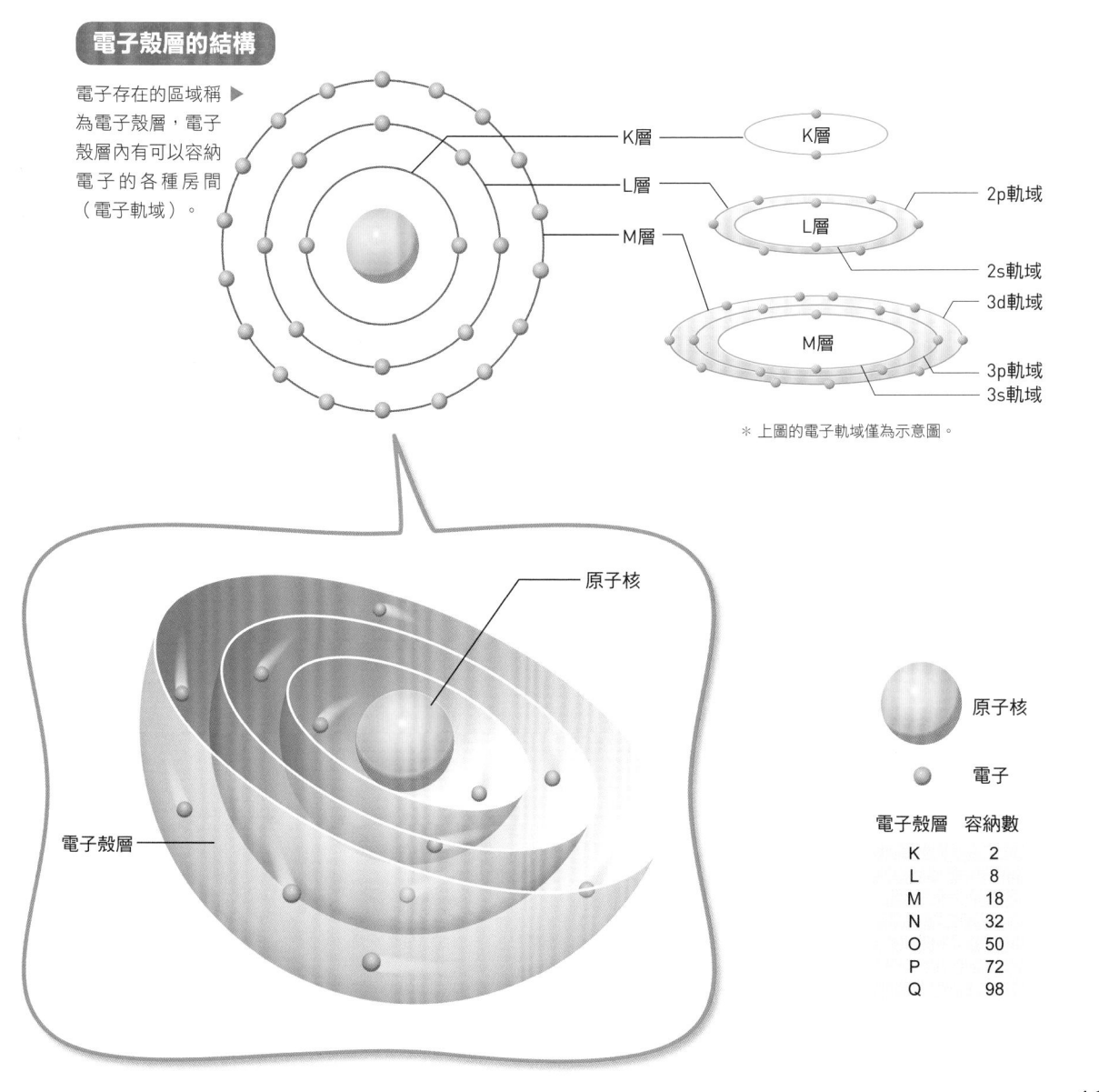

K層
L層
M層

K層
L層
M層

2p軌域
2s軌域
3d軌域
3p軌域
3s軌域

＊ 上圖的電子軌域僅為示意圖。

原子核

電子殼層

原子核

電子

電子殼層	容納數
K	2
L	8
M	18
N	32
O	50
P	72
Q	98

原子的大小

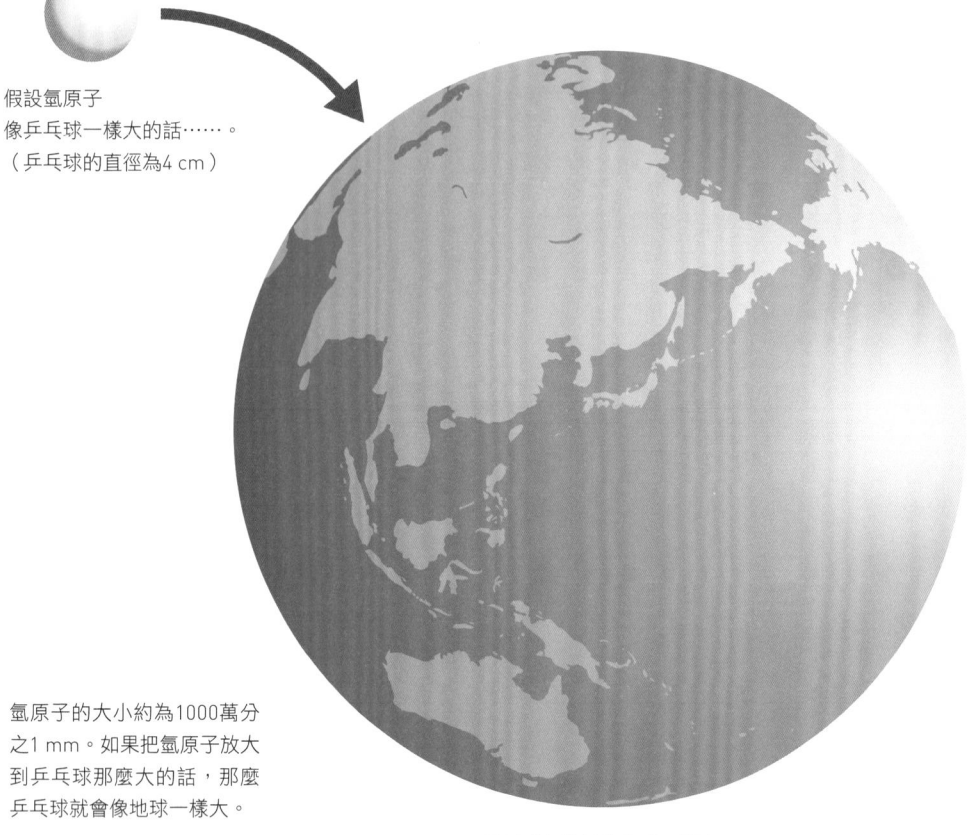

假設氫原子
像乒乓球一樣大的話……。
（乒乓球的直徑為4 cm）

氫原子的大小約為1000萬分
之1 mm。如果把氫原子放大
到乒乓球那麼大的話，那麼
乒乓球就會像地球一樣大。

乒乓球會變得像地球一樣大。
（地球直徑約12000 km）

原子非常小非常輕

原子小到用電子顯微鏡都看不到。隨著元素種類、與其他原子的連接方式、以什麼樣的型態存在等因素的不同，原子的大小也會有所變化。不過一般來說，氫原子約小於1000萬分之1mm。如果把氫原子放大到直徑4cm的乒乓球那麼大的話，乒乓球就會變得像地球那麼大。

原子的重量也輕得難以想像，以氫原子來說，其重量為1000兆分之1g再乘以100億分之1。就算是元素中相對重的鈾，大概也只是這個數字的200倍左右而已。

也就是說，單一個原子是非常小且非常輕的東西。反過來說，我們周遭的物質都是由難以想像的大量原子組成。

原子核和電子又更小了

構成原子的電子及原子核，則又比原子更小了。事實上，現在我們仍不確定電子到底有多大，一般來說，我們會把電子當成沒有體積的「點」。

另一方面，原子核大小雖然會隨著元素種類的不同而有所差異，不過我們卻可以知道原子核有多大。舉例來說，氧原子的原子核大小就是整體原子的2萬4000分之1左右。

因此，若我們把原子核的直徑放大成1cm左右，那麼整個原子便會比棒球場還要大。

另外，原子核和電子之間是個什麼都沒有的空間。換言之，原子內大部分的空間中什麼都沒有。

若從重量的角度來看，電子的重量是構成原子核的質子或中子的2000分之1左右（質子和中子的重量幾乎相同）。換句話說，原子的重量幾乎集中在質子和中子上，也就是集中於原子核。

這樣看來，原子可說是個相當神奇的存在。重量完全集中在中央小小的原子核，周圍卻有大量很輕的電子，在什麼都沒有的空間內飛舞……這就是組成各種物質的原子的真正樣貌。

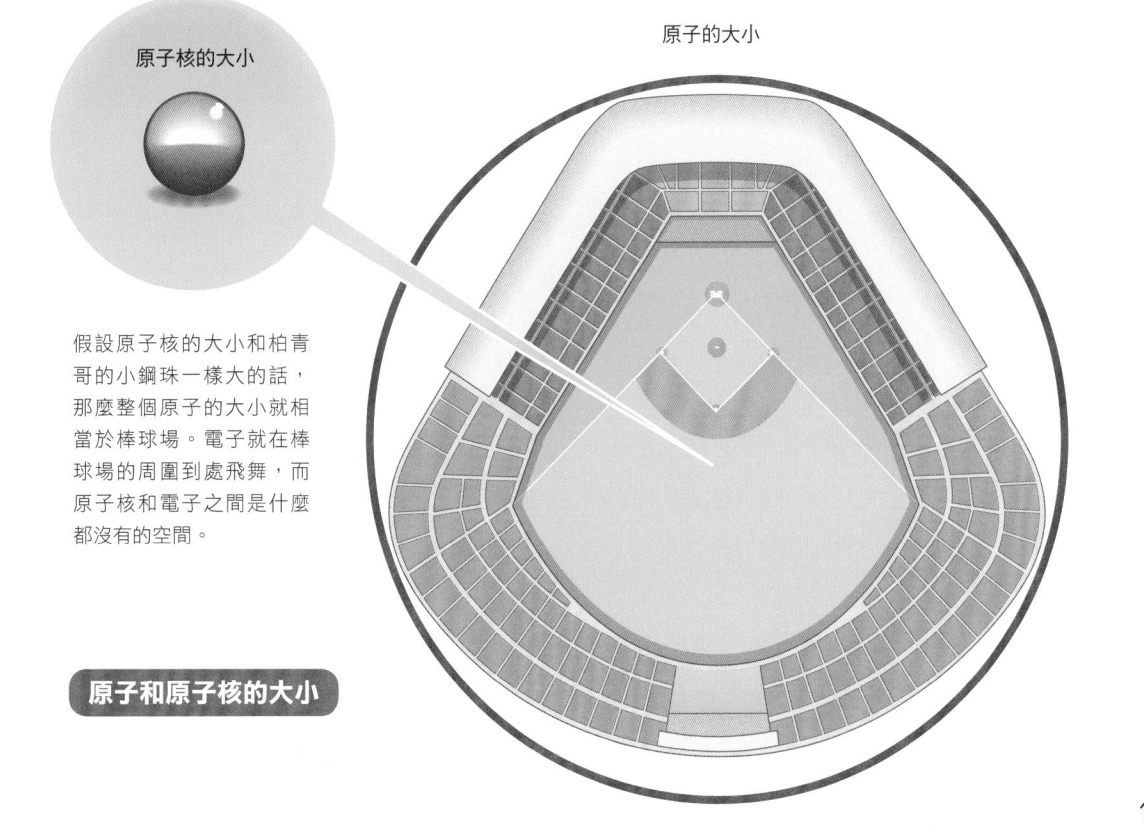

原子核的大小

原子的大小

假設原子核的大小和柏青哥的小鋼珠一樣大的話，那麼整個原子的大小就相當於棒球場。電子就在棒球場的周圍到處飛舞，而原子核和電子之間是什麼都沒有的空間。

原子和原子核的大小

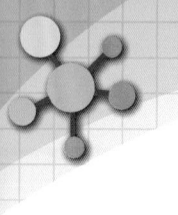

元素之間的差異

不同元素的原子也各有差異

接著讓我們來看看不同元素之間的差異吧。

元素的種類共有118種，這些元素的原子結構都符合「中心為原子核，周圍有電子」的規則。不過，不同元素的原子核內的質子數或中子數也會有所差異。拿元素中最輕的氫原子來說，其原子核內有1個質子、周圍有1個電子[*1]。碳、氧……等其他元素的原子核內含有更多的質子和中子。如果質子或中子的數量愈多的話，原子的重量也就愈重。也就是說，不同種類的元素，其單一原子的重量也會有所不同。

單一質子或單一中子的重量是固定的，所以擁有2個質子與2個中子的氦，重量就是氫的4倍；擁有8個質子與8個中子的氧原子，則是氫的16倍重，也就是原子重量皆為氫原子重量的整數倍。因此，我們可以用「氫原子重量的倍數」來表示某種單一原子的重量，這個表示方式又稱為「質量數」[*2]。

質量數與原子量

只要是同一種元素，質子數就一定相同。但是同一種元素的原子中，卻可能擁有不同數目的中子。舉例來說「氘（重氫）」的原子核就擁有1個質子和1個中子，故氘原子是一般氫原子的2倍重。「氚（超重氫）」的原子核則擁有1

原子的重量與質量數

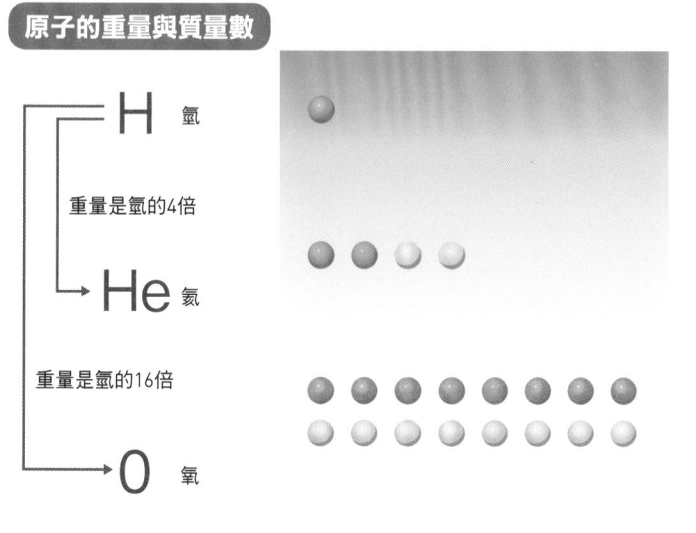

H 氫

重量是氫的4倍

He 氦

重量是氫的16倍

O 氧

● 質子　○ 中子

◀ 因為電子非常輕，故可將原子核的重量視為整個原子的重量。質子與中子的重量幾乎相同，因此可以質子與中子數目的加總，來表示原子的重量。

[*1] 一般狀態下的原子，其周圍的電子數會與質子數相等。不過，當原子與其他原子結合，或者帶電（成為離子）的話，就會出現質子與電子的數量不同的情況。

[*2] 實際上並不是以氫為基準，而是以質子與中子合計為12個的碳12當做基準。

個質子和2個中子,重量是氫的3倍。像這種「中子數不同的相同元素」,稱為該元素的「同位素」。

　　大多數的元素除了擁有基本質量數的原子之外,還存在著數種同位素。我們可以從這種元素的同位素在自然界中的比例,計算出這種原子的平均重量,該數值就稱為「原子量」。舉例來說,氫除了普通的氫原子之外,還包含極少

數的氘與氚,故氫的原子量會比一般的氫原子質量數(=1)還要大一些,是1.00794。另外,普通的碳原子質量數為12,然而還存在著多出1個中子及多出2個中子的碳同位素,故碳的原子量為12.0107。當我們想要區別上述的同位素時,會依其原子核的差異(稱為「核種」),在元素名稱後面加上質量數來稱呼,例如「碳12」或「碳14」等。

氫與氧的同位素

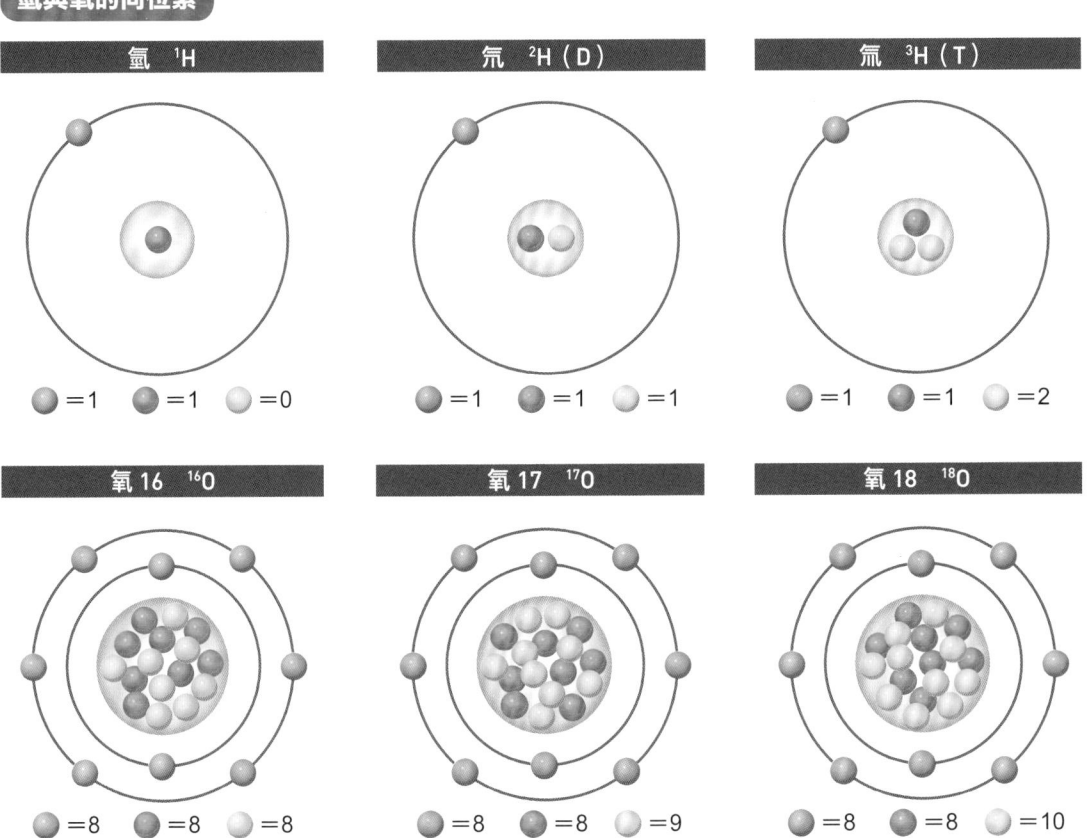

相同元素(=質子數相同)的原子中,會出現中子數較多的原子,被稱為同位素。每種元素都有著各種同位素。

○ 原子核　● 電子　● 質子　○ 中子

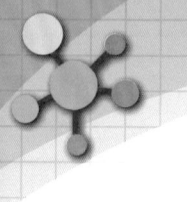

每個元素的特徵

反應難易程度的差異

　　不同元素不只重量不同，化學性質也有很大的差異。其中一種性質就是產生反應的難易程度。舉例來說，氫、鋰、鈉、鉀、銣及銫等元素，便很容易與其他物質產生反應。若我們進一步研究這些元素有幾個電子、如何分布（又稱為「電子組態」）的話，可以發現雖然這些元素的電子殼層數目各不相同，不過最外側的電子殼層（又稱為「最外層」）都只有1個電子──也就是說，最外層的電子殼層還可以容納很多電子填入，這就是這些元素的共通點。

　　另一方面，氦、氖、氬、氪、氙及氡等元素幾乎不會與其他物質反應，屬於不容易產生反應的元素。若我們同樣去觀察它們的電子組態，可以發現雖然它們的電子殼層數目各不相同，但每種元素的最外層皆為填滿電子的狀態──也就是「無法再填入更多電子的狀態」。

　　如同前面說明，反應的難易度與元素重量較無關聯，而是和最外層有多少電子空位的關係比較大。

同位素與放射性

　　同一種元素常存在不同的同位素。舉例來說，氮原子的原子核中大部分都

易產生反應的元素與難產生反應的元素

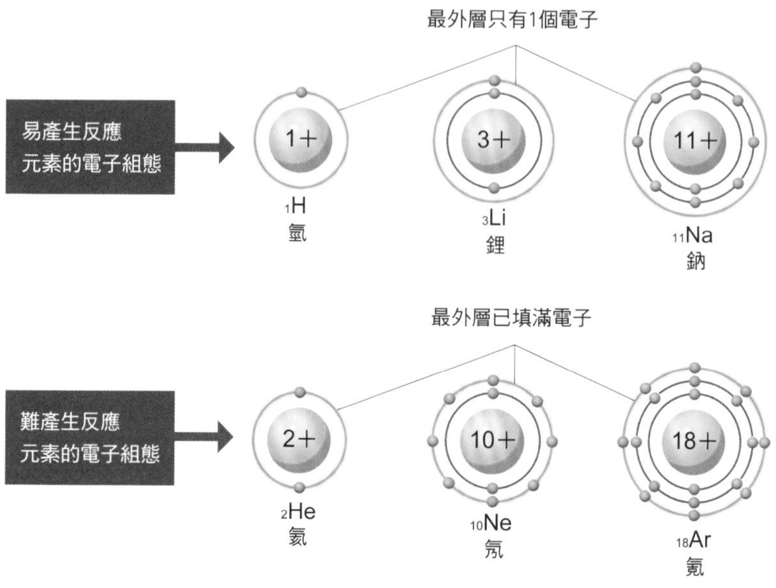

最外層只有1個電子

易產生反應
元素的電子組態 →

1+
₁H
氫

3+
₃Li
鋰

11+
₁₁Na
鈉

最外層已填滿電子

難產生反應
元素的電子組態 →

2+
₂He
氦

10+
₁₀Ne
氖

18+
₁₈Ar
氬

◀ 最外層的電子數相同的原子，其化學性質（與其他原子之間的作用方式）也會比較相似。

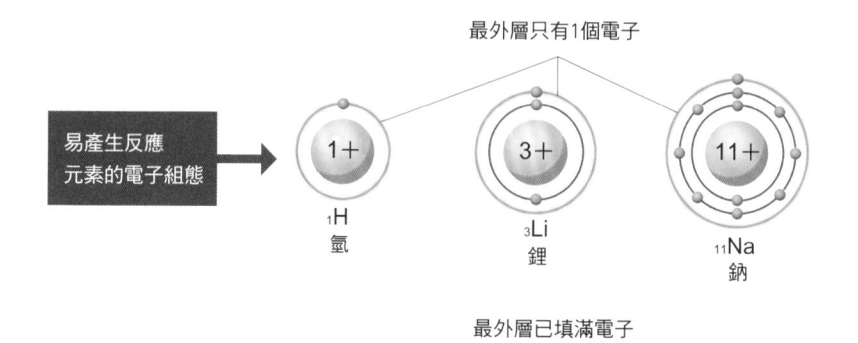

含有7個質子與7個中子，但也會出現擁有6～10個中子的同位素。這些同位素的核種分別是氮13、氮14、氮15、氮16、氮17。它們的質子個數皆為7個，故都擁有氮元素的共通性質。然而，原子核的重量不同，卻會讓這些同位素產生重量以外的差異。

氮13～氮17皆為氮的同位素，然而其中能夠穩定存在的只有氮14與氮15。其他同位素的原子核並不穩定，會在釋放出放射線之後，轉變成較為穩定的同位素[1]。

舉例來說，氮16的1個中子會轉變成質子，並釋放出電子，成為有8個質子、8個中子的氧16。釋放出來的電子有很高的能量，故會飛離原子，成為放射線（β射線）。

這種會產生放射線的同位素稱為「放射性同位素」，而能夠穩定存在的同位素則稱為「穩定同位素」。不穩定的原子核發射出放射線、轉變成其他種類的原子核的過程，稱為「放射性衰變」或者是「原子核衰變」。

什麼是原子核衰變？

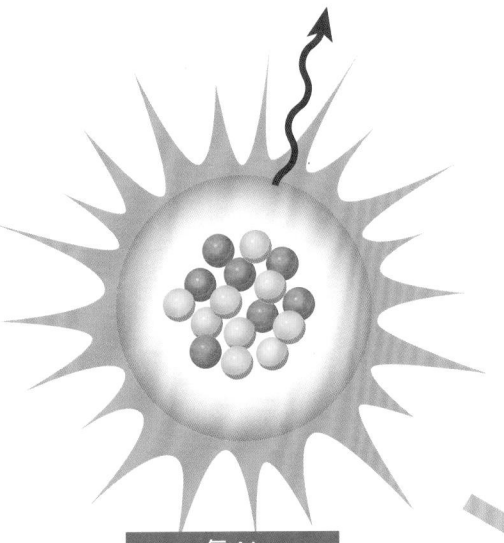

放射線（β射線）

氮 16

（7個質子、9個中子）

不穩定

當不穩定的同位素發生原子核衰變時，原子核會釋放出放射線，並轉變成其他種類的原子核。

● 質子　　○ 中子

轉變

氧 16

（8個質子、8個中子）

穩定

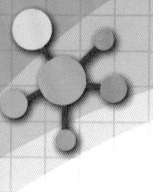

使原子轉變的能量

什麼是核分裂反應？

　　有時即使沒有發生原子核衰變，也會釋放出放射線。這種現象就稱為「核分裂反應（或者簡稱為核分裂）」，這是當1個重量很重卻不穩定的原子核，因為某些因素而分裂成2個以上較輕、較穩定之原子核的情況。而且，反應後的原子核加總後的重量會比反應前的原子核還要更輕一些。少掉的重量（質量）會轉變成龐大的能量，以強度極高的放射的形式釋放出來。

　　其中，最著名的例子就是鈾的核分裂。自然界的鈾大多是有92個質子和146個中子的鈾238，鈾238雖然也是放射性同位素，但一般來說並不會產生核分裂反應。不過，自然界的鈾元素中，約有0.7％是其同位素鈾235。若我們用中子撞擊鈾235，便可觸發核分裂反應。像這樣利用核分裂反應所產生的能量來發電，就是核能發電。

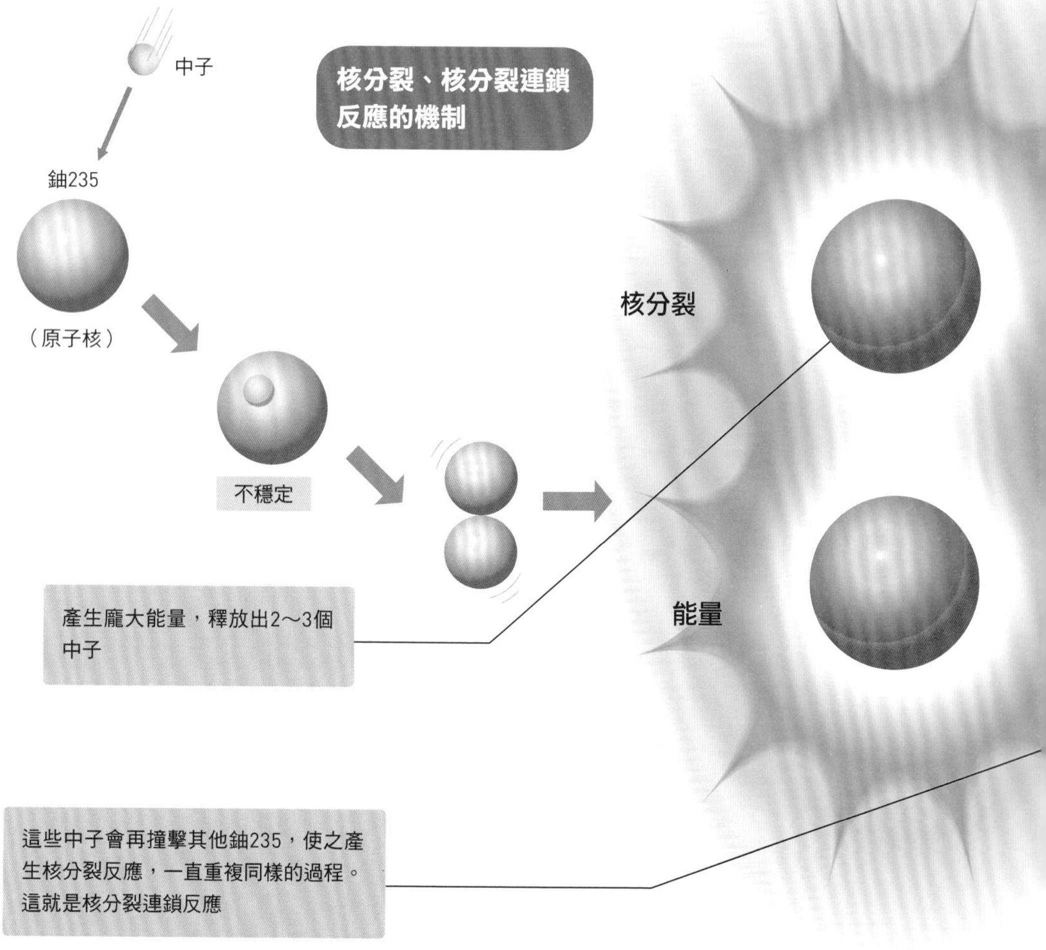

中子

核分裂、核分裂連鎖反應的機制

鈾235

（原子核）

核分裂

不穩定

能量

產生龐大能量，釋放出2～3個中子

這些中子會再撞擊其他鈾235，使之產生核分裂反應，一直重複同樣的過程。這就是核分裂連鎖反應

核能發電

核能發電是提升天然鈾中的鈾235濃度（將其濃縮）做為核燃料，再打入中子束，觸發核分裂反應。然後用核分裂所產生大量熱能來讓水沸騰成水蒸氣，再用水蒸氣的壓力來推動發電機的渦輪，藉此產生電力。與燃燒煤炭、石油等化石燃料相比，這種方式所能夠產生的熱能等更加龐大，1g的鈾235可以產生的熱能，相當於燃燒3t的煤炭或者是2000L的石油。

日本擁有的原子爐屬於「輕水反應爐」，爐內放置有水、燃料棒及控制棒。燃料棒中放入了以鈾之類的核燃料所製成的顆粒，控制棒則可以控制觸發核反應之中子束能量，藉此調整原子爐輸出。

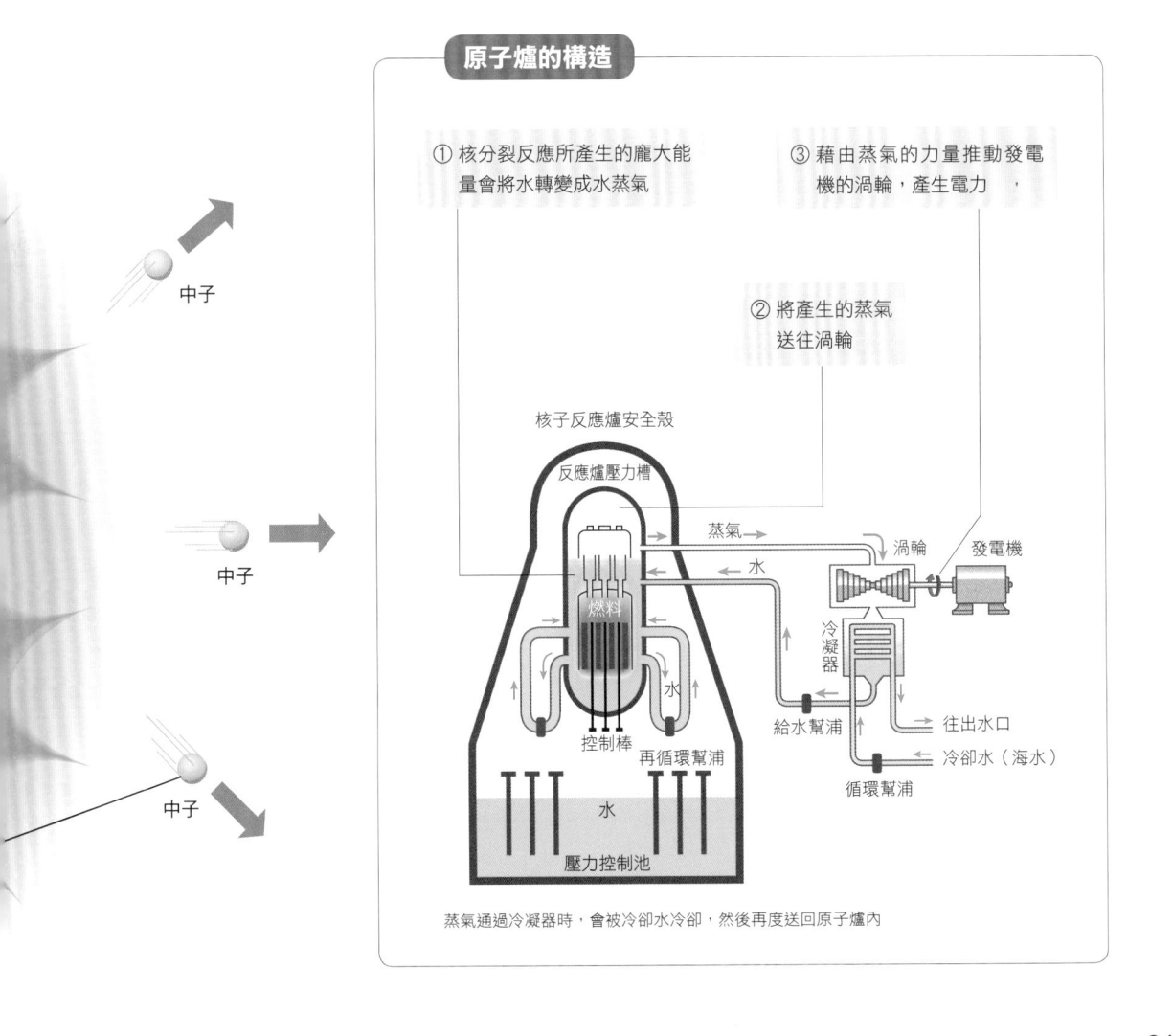

原子爐的構造

① 核分裂反應所產生的龐大能量會將水轉變成水蒸氣

③ 藉由蒸氣的力量推動發電機的渦輪，產生電力

② 將產生的蒸氣送往渦輪

中子

中子

中子

核子反應爐安全殼

反應爐壓力槽

蒸氣

渦輪　發電機

水

燃料

冷凝器

水

控制棒　　再循環幫浦

給水幫浦

往出水口

冷卻水（海水）

循環幫浦

水

壓力控制池

蒸氣通過冷凝器時，會被冷卻水冷卻，然後再度送回原子爐內

化學鍵

共價鍵示意圖

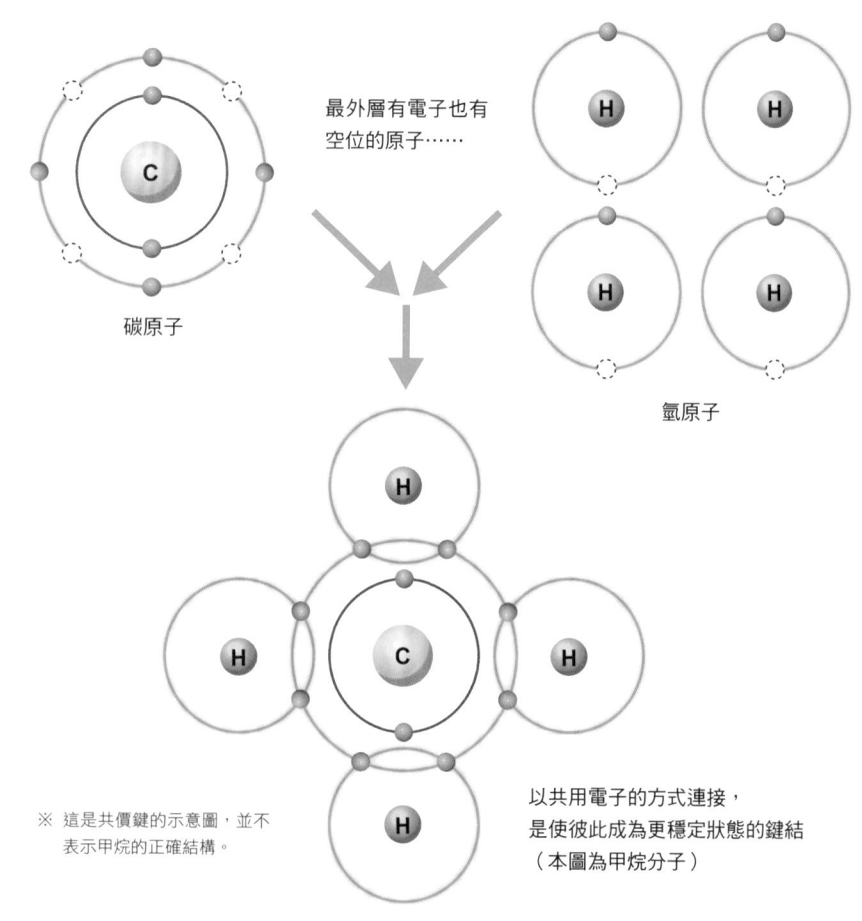

最外層有電子也有空位的原子……

碳原子

氫原子

以共用電子的方式連接，是使彼此成為更穩定狀態的鍵結（本圖為甲烷分子）

※ 這是共價鍵的示意圖，並不表示甲烷的正確結構。

原子間的連結……化學鍵

構成物質的分子，是由多個原子組合而成的[*1]。也就是說，原子必須與其他原子彼此相連，才能夠建構出我們周遭的物質。

而探討某個物質的分子與其他物質的分子如何產生連結，或者是已產生連結的分子如何在分解之後轉變成其他物質時，就必須用到「化學鍵」的概念。

化學鍵有許多種，像是共用彼此最外層電子的「共價鍵」、藉由電荷吸引彼此的「離子鍵」、藉由氫原子的特殊性質讓2個原子彼此吸引的「氫鍵」等等。

＊1 其中，金屬是由單一種類的原子（同一種元素的原子）組合而成，與這裡說的分子概念不同。

藉由氫鍵彼此吸引的水分子示意圖

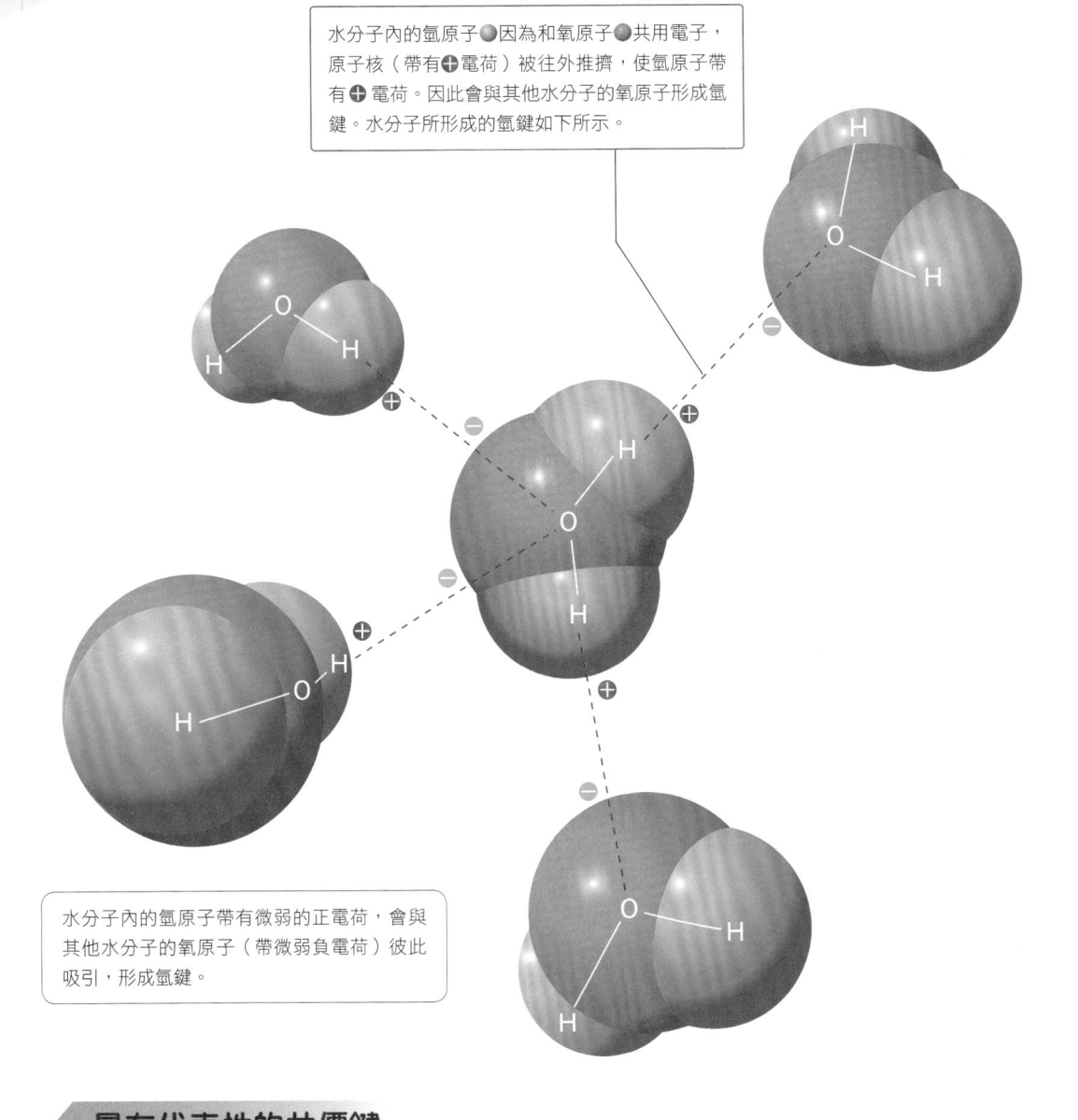

水分子內的氫原子⚪因為和氧原子⚫共用電子，原子核（帶有➕電荷）被往外推擠，使氫原子帶有➕電荷。因此會與其他水分子的氧原子形成氫鍵。水分子所形成的氫鍵如下所示。

水分子內的氫原子帶有微弱的正電荷，會與其他水分子的氧原子（帶微弱負電荷）彼此吸引，形成氫鍵。

最有代表性的共價鍵

左頁圖中所表示的共價鍵，是多個原子組合成分子時，最基本的連接方式。

當2個最外層有電子也有空位的原子相遇時，會拉近彼此的距離，「共用」最外層的電子，使雙方皆能進入更穩定的狀態。

當電子殼層內的空位被電子填滿時，就是最穩定的狀態。

其他的化學鍵也是透過原子最外層的電子數量變化，讓原子們彼此吸引或排斥。

觀察原子釋放的光芒

焰色反應

觀察由原子釋放的光芒

或許你會覺得，元素世界裡的原子……實在是小到不行，這和我們的日常生活又有什麼關係呢？事實上，元素的種類與組合方式可以決定物質的性質，所以不管是你我還是這個世界，都和元素有著密不可分的關係。我們可以藉由簡單的實驗，觀察元素的世界，也就是在原子內發生的現象。其中一個例子，就是名為「焰色反應」的實驗。

焰色反應實驗相當有名，說不定你在自然科的課堂上也曾經看過這個實驗。這個實驗是觀察不同的元素在燃燒時原子會放射出的各色光芒。當我們加熱含有各種金屬元素的物質時，依照元素種類的不同，可以觀察到各種顏色的光芒。

實驗會用到的東西

實驗方法十分簡單，不過用火時須注意不要被灼傷或引起火災。特別是乙醇很容易燒起來，請特別留意。實驗會用到的藥品中，有些藥品對人體有害，如果是未成年者要進行實驗的話，務必要請大人陪同，小心謹慎地取用藥品、操作器材。注意不要吸入實驗過程中產生的氣體，並應時常打開門窗通風。如果有學校自然科老師之類的專業人士能夠指導實驗的話就更好了。

用具與材料

用具

▶ 蒸發皿（直徑5～8 cm的較方便操作）
▶ 防火板（墊在蒸發皿的下方，避免燃燒藥品時傷到桌子。最好能使用石綿芯網，也可以用一般板子代替）
▶ 滴管
▶ 攪拌棒（有玻璃棒的話最好。也可以準備多根免洗筷，處理不同藥品時使用不同的免洗筷）
▶ 電子點火器
▶ 可盛裝溶液的試管或玻璃容器等
　另外請準備裝有滅火用水的容器以及濕抹布。

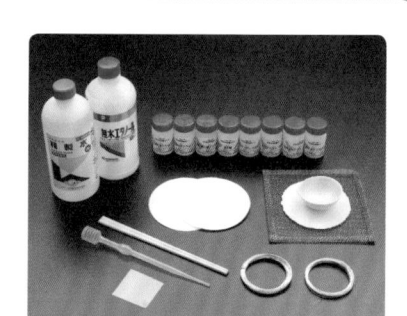

材料

▶ 濾紙（準備大小適中的濾紙。實驗前須裁剪）
▶ 純水（300 mL）
▶ 無水乙醇（300 mL　本來應該要用甲醇才對，但甲醇毒性較強，故改用乙醇）
▶ 各種金屬鹽類藥品[*1]（數種）

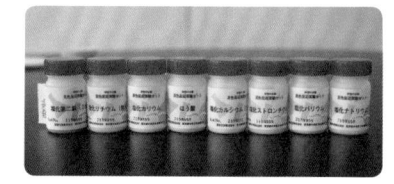

＊1　藥品方面，最容易取得的是氯化鈉，也就是食鹽。此外，可以使用藥局有販賣的硼酸、鈣片等。或者是請自然科老師等專業人士分一些其他藥品給你。

請在完全熟悉步驟後再開始做實驗。另外，若要用多種試藥做實驗，請不要同時點燃多種試藥，而是應該要一個個照順序進行實驗。為了防止乙醇引起火災，請做好實驗準備、將實驗桌上的東西收拾好之後再點火。

準備

將濾紙剪成寬2～3 cm、長7～8 cm 的長條紙帶，然後在紙帶兩端剪出缺口，繞成圓環狀。另外，請計算好需要用到多少純水與乙醇，將純水和乙醇分裝到其他容器內。

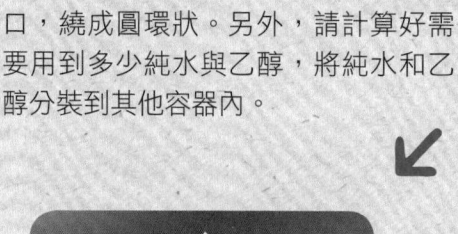

將濾紙剪成長條狀

在兩端剪出缺口

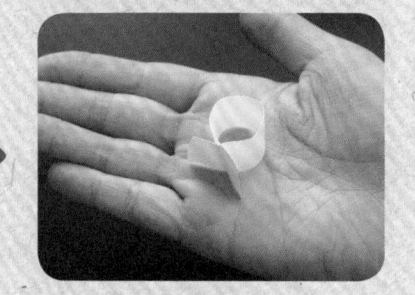

繞成圓環狀

1

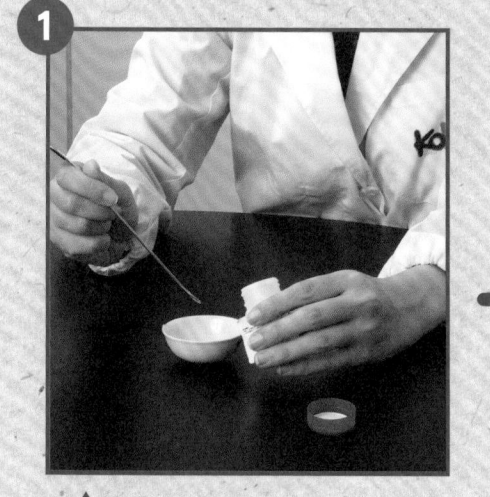

在蒸發皿內加入少量（刮勺1勺左右）試藥，再加入1～2 mL的純水溶解試藥。

2

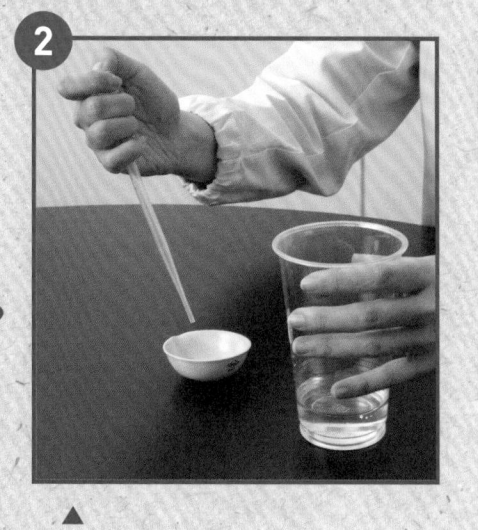

從蒸發皿上方用滴管滴入5～10 mL的乙醇，輕輕搖晃蒸發皿，使其均勻混合。

實驗步驟

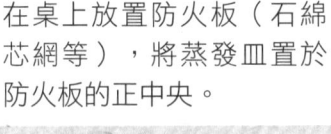

將在「準備」步驟中做好的濾紙環放入溶液，待其吸飽溶液。

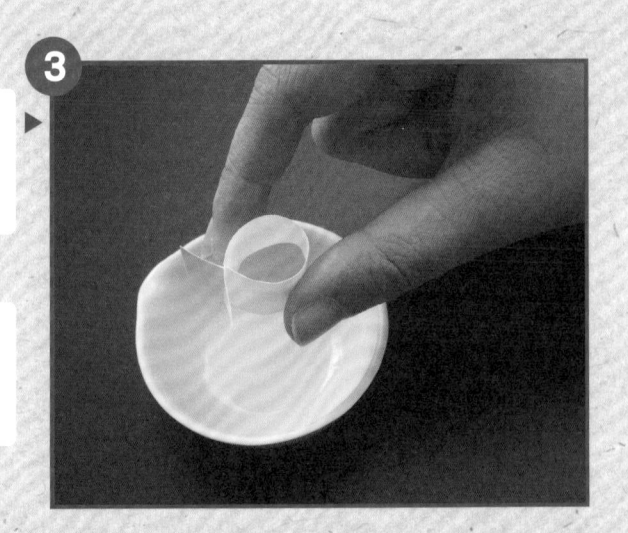

在桌上放置防火板（石綿芯網等），將蒸發皿置於防火板的正中央。

遮蔽周圍光源，並用電子點火器點燃濾紙的尖端。

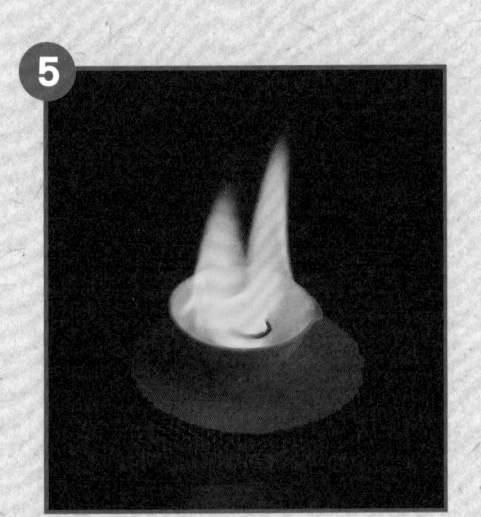

觀察火焰部分呈現的光芒顏色。

 乙醇燃燒完畢之後，待蒸發皿充分冷卻再收拾器材。
另外，如果想要馬上滅火的話，可以將另一個防火板或濕毛巾蓋在蒸發皿上滅火，同樣的，請等待蒸發皿充分冷卻之後再收拾器材。

由電子釋放的色光

燃燒食鹽會產生鮮豔的黃色火焰，燃燒硼酸則會產生藍綠色火焰。之所以會產生有顏色的火焰，並不是因為各種元素燃燒而放出光芒，而是元素原子內的某個電子在吸收了能量後，進入能量較高的狀態（激發態），之後又回到原來的狀態，才會釋放出有顏色的光芒。也就是說，這些有顏色的火焰是由原子內部所釋放出來的光芒。

能夠在吸收能量後轉變成激發態的電子，在每種元素的情況都不一樣。而不同電子所釋放出來的光波長（也就是顏色）也不一樣。因此，焰色反應的顏色也會因為元素的不同而有所差異。

我們可以利用這種現象進行化學分析。當我們想要研究某種物質含有哪些元素時，可以像本實驗一樣從外界給予能量，觀察原子所發出的光，藉此了解物質內含有哪些元素。另外，天文學家也可以藉由分析遠方恆星的光芒，了解這顆恆星上有哪些物質在發光，周圍又有哪些元素。

焰色反應的機制

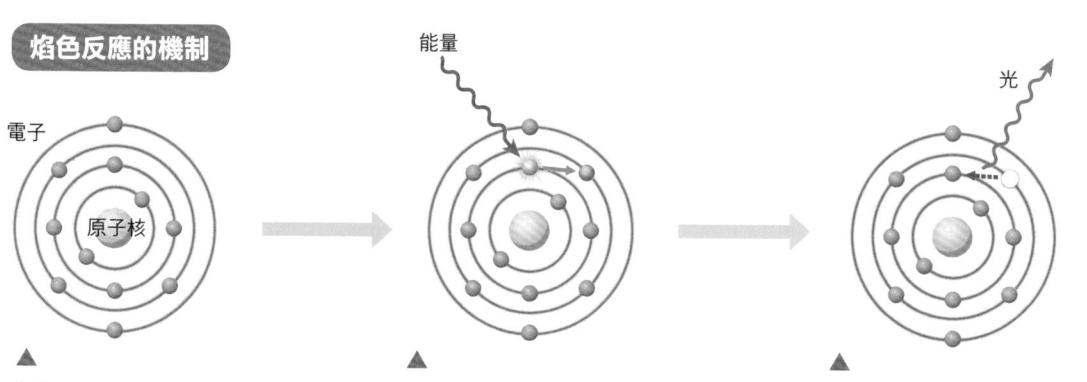

電子
原子核
能量
光

▲
位於原子核周圍的電子，會依照其當下所擁有的能量停留在固定的區域（電子軌域）。同一個軌域內的電子皆擁有相同的能量，位於相同能階。

▲
若某個特定電子吸收了來自外部的能量，這個電子的能量狀態會產生變化，躍遷到其他區域（能階）。這時的電子狀態稱為「激發態」。

▲
激發態的電子相當不穩定，處於激發態的電子沒過多久就會回到原本能量較低的狀態（基態）。這時，激發態與基態之間的能量差，便會以電磁波（光）的形式釋放出來。若這個電磁波的波長在可見光的範圍內，我們便可以觀察到不同的焰色。

不同的元素有不同的電子組態，然而同一種元素中，易躍遷成激發態的電子是固定的。因此，某種特定元素的電子可以吸收的能量大小（激發態與基態的能量差）也是固定值。能量大小可以決定光的波長，故特定原子釋放出來的光芒，會以特定火焰顏色的形式呈現在我們眼前。

元素種類與焰色反應的顏色

原子序與元素	焰色
3 鋰	深紅色
5 硼	黃綠色
11 鈉	黃色
19 鉀	紫紅色
20 鈣	橙色
29 銅	藍綠色
38 鍶	紅色
56 鋇	黃綠色

　　實際實驗時，可以觀察到各種顏色鮮豔的火焰。這種原理也被應用在夏日的煙火上。我們能夠看到各種顏色的煙火，就是因為焰色反應的效果。

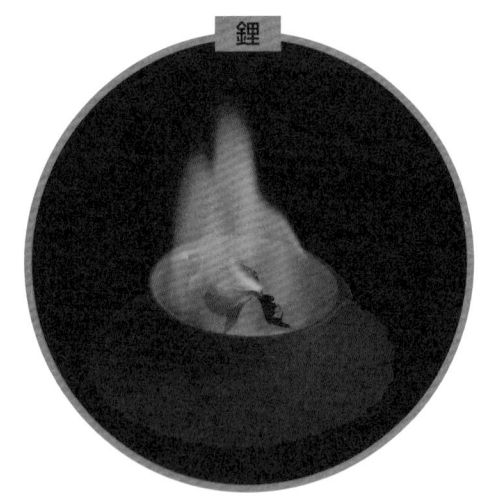
鋰

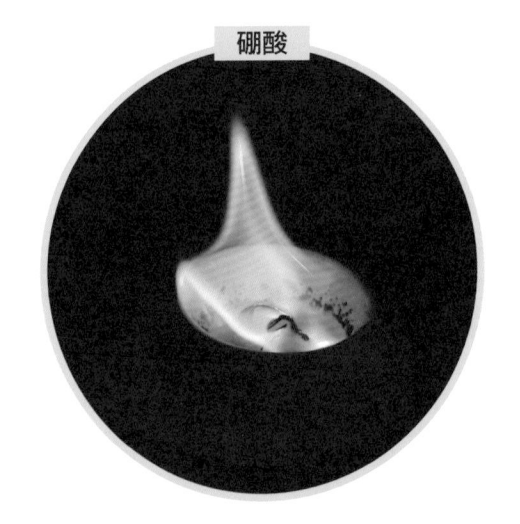
硼酸

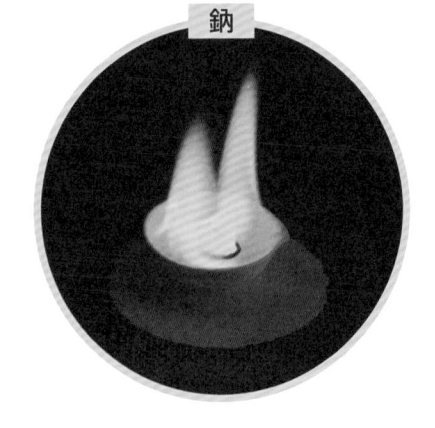
鈉

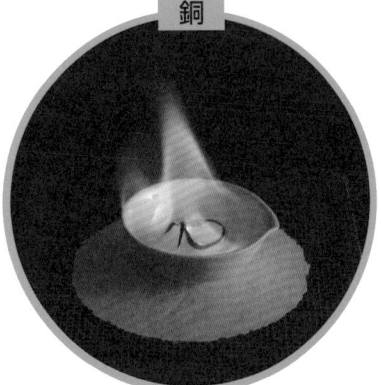
銅

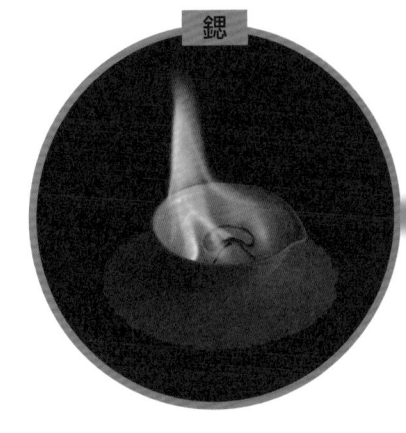
鍶

第 2 章
精通元素週期表

元素週期表不只是單純
把元素依照原子序排列出來，
還是能讓我們了解各種物質如何
組成的「科學的世界地圖」。
本章將帶你閱讀週期表，
了解表中的奧秘。

究竟什麼是元素週期表？

古代的鍊金術與近代科學所發現的元素

自古以來，人類在使用道具、製作物品時，便懂得利用各種物質的性質，製作出想要的東西。比方說，黃金不容易鏽蝕、延展性高；碳易燃，可做為燃料使用……等等。另外，將不同物質組合在一起時，混合後的物質會表現出新的性質，例如，將從礦物中提煉出來的銅和錫混合，可製成更為堅硬的合金。像這樣以各種方式研究組成物質之不同元素的性質，並製造出新物質的方法就稱為鍊金術，在歷史中曾發達一時[1]。在鍊金術的發展過程中，也發現了許多當時未知的元素。

在鍊金術逐漸發展成近代化學的過程中，研究者又發現了各種新元素。被稱為「化學之父」的18世紀法國化學家拉瓦節，就曾經製作過列有31種元素的元素表（後來人們發現表中有數個錯誤）。

到了19世紀，英國的化學家戴維開發出電解技術，因而陸續發現了各種新元素。同時，英國的道耳頓也提出了新的原子概念。於是，直到19世紀後半，約有60種元素陸續被發現。

（Frederic William Wright）

▲

18世紀的法國化學家安東萬・羅倫・德・拉瓦節（1743～1794）。他提出了化學反應前後質量不變的「質量守恆定律」。開啟了近代化學的道路。

（Henry Roscoe）

▲

提倡「原子說」的英國科學家約翰・道耳頓（1766～1844），為後續的物質研究帶來了重大影響。在化學、物理學、氣象學以及以自己為實驗對象的色盲研究等方面，留下了許多重要的研究成果。

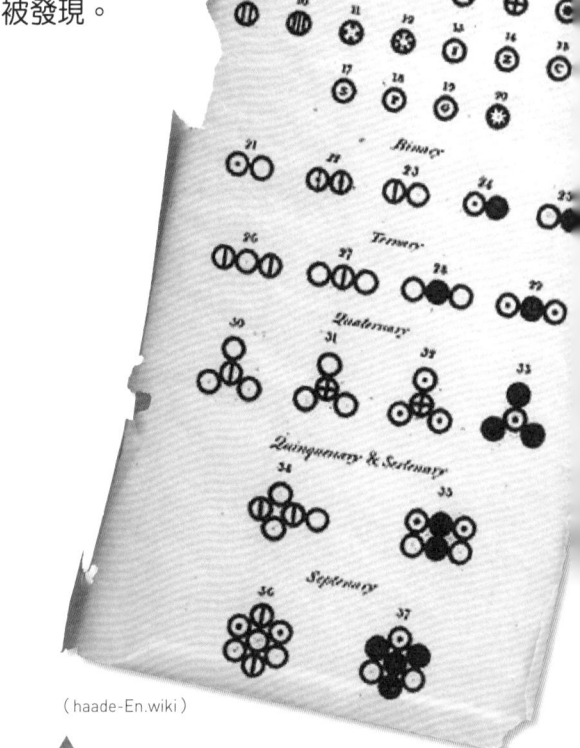

（haade-En.wiki）

▲

道耳頓的著作中列出的元素與化合物。以標有線與點的圓圈來表示20種元素的原子，並由這些圓圈的組合來表現化合物。

＊1　鍊金術原本是研究如何將一般物質轉變成黃金，或者是如何製造出不老不死的藥物，卻在無意間推動了物質研究的科學發展。

ОПЫТЪ СИСТЕМЫ ЭЛЕМЕНТОВЪ.

ОСНОВАННОЙ НА ИХЪ АТОМНОМЪ ВѢСѢ И ХИМИЧЕСКОМЪ СХОДСТВѢ.

```
                Ti = 50    Zr = 90    ? = 180.
                V = 51     Nb = 94    Ta = 182.
                Cr = 52    Mo = 96    W = 186.
                Mn = 55    Rh = 104,4 Pt = 197,4.
                Fe = 56    Rn = 104,4 Ir = 198.
             Ni = Co = 59  Pl = 106,6 O- = 199.
                           Cu = 63,4  Ag = 108   Hg = 200.
H = 1     Be = 9,4 Mg = 24 Zn = 65,2  Cd = 112
      B = 11  Al = 27,4 ? = 68        Ur = 116   Au = 197?
      C = 12  Si = 28    ? = 70       Sn = 118
      N = 14  P = 31  As = 75         Sb = 122   Bi = 210?
      O = 16  S = 32  Se = 79,4       Te = 128?
      F = 19  Cl = 35,6 Br = 80       I = 127
Li = 7 Na = 23   K = 39  Rb = 85,4    Cs = 133   Tl = 204.
                 Ca = 40 Sr = 87,6    Ba = 137   Pb = 207.
                 ? = 45  Ce = 92
              ?Er = 56    La = 94
              ?Yt = 60    Di = 95
              ?In = 75,6  Th = 118?
```

（Sadi Carnot at en.wikipedia）

▲
門得列夫於1869年發表的初始週期表。從氫排列到鉛，共有66個元素。尚未發現元素也用「？」標註。

（Den fjättrade ankan）

▲
於1871年製作完成的門得列夫第二周期表。依照氫化物與氧化物性質為元素分類，更接近我們現在看到的元素週期表。

將週期表介紹給世人的德米特里·伊萬諾維奇·門得列夫（1834～1907），生於俄羅斯西北部。除了元素的研究，亦投入無煙火藥的研究、擔任度量衡局的所長等，在多個領域都有很大的貢獻。

（Original uploader was Serge Lachinov at ru.wikipedia）

依照重量為元素排序可發現其規則

此時，俄羅斯的化學家德米特里·門得列夫察覺到，這些元素之間有個奇妙的規律。他發現若從元素中最輕的氫開始，依照「單一原子的重量」排列下去，則每經過一定的週期時，就會出現具有類似性質的元素。例如經過一定週期便會出現可以和氯反應、得到鹽類的元素，還有狀態穩定、不易起反應的元素……等等。

門得列夫將這種規則稱為「元素週期律」，認為這是元素本身具有的基本性質，於是他將有相似性質的元素放在同一列，在1869年時製作出了週期表的原型。表中留下了許多空格，他主張這些空格是「尚未發現」的元素。

這個週期表發表後的很長一段時間內，科學界並不接受這個想法。不過在1875年時發現鎵、1879年時發現鈧、1886年時發現鍺之後，人們發現這些新元素的性質都與門得列夫的預測吻合，全世界的人們才認同了他的研究。到了20世紀，科學家們了解到原子結構之後，週期表的正確度又得到了進一步的提升。

現在貼在自然科教室牆壁上的「週期表」，包括許多在那段時期之後才發現的元素[2]，甚至可以說，這個宇宙就是由這張表上所列出的元素建構而成的。週期表是讓我們了解物質組成的科學「地圖」，不只讓我們知道不同原子間的差異，也讓我們了解到這個世界上的物質是由哪些元素、以什麼樣的方式組合而成。

[2] 最新的週期表除了寫有已發現的元素，也會寫上有人預測其存在，但尚未證實的元素。另外，現在的週期表並不像門得列夫當時是用重量排序，而是以電子組態為排序基準。

讀懂週期表
一格內的資訊

原子序
族與週期

| 14 | 第 14 族第 3 週期 |
| Si | 矽 ←元素名稱 |

(Silicon) 電子組態

28.0855 ←原子量

同位素(存在比例)	半衰期
^{28}Si(92.23%)	穩定
^{29}Si(4.67%)	穩定
^{30}Si(3.1%)	穩定
^{32}Si(稀少)	170年

元素符號

同位素種類

週期表的一格範例

1								
H								
3	4							
Li	Be							
11	12							
Na	Mg							
19	20	21	22	23	24	25	26	27
K	Ca	Sc	Ti	V	Cr	Mn	Fe	Co
37	38	39	40	41	42	43	44	45
Rb	Sr	Y	Zr	Nb	Mo	Tc	Ru	Rh

週期表一格內的資訊

　　週期表並不只是單純的元素列表，而是說明了所有物質之組成方式的「科學世界地圖」，是人類花了2000年以上才淬煉而成的智慧結晶。讓我們一起來看看要用什麼方式解讀這張表吧。

　　首先，請先把焦點放在週期表的某一格上。

　　週期表的種類很多，有些只有一些簡單的資料，有些則寫了許多詳細資訊。但無論是哪種週期表，表上的每個格子一定都寫有元素符號和原子序這2種資訊。

元素符號（元素名）

　　週期表上的每一格一定都會寫出元素的名稱。不過一般來說，只會用1～2個字母來代表元素，譬如說氫的話就用「H」，氧的話就用「O」表示。這種以縮寫來表示元素種類的符號，稱為「元素符號」。元素符號大多是元素英文名稱的首字母（當然也有例外），像氫（Hydrogen）、氧（Oxygen）等等。然而英文字母只有24種，故較晚發現的元素就會用2個字母來表示元素符號。比方說鉍（Bismuth）的元素符號為Bi，因此能與硼（Boron）的B做出區別。

原子序

接著要說明的是，依照元素重量排序的編號——「原子序」。氫是數字「1」、金是數字「79」。雖然這是依照重量排出來的順序，但這個數字代表的其實是元素原子核內的質子數。也就是說，氫的原子核有1個質子、金的原子核有79個質子。原子核和電子分別帶有正、負電荷，達到電荷平衡，而原子核的正電荷大小又取決於質子數，故原子序也可代表原子在普通狀態下擁有的電子數[1]。

週期表左上端為元素中最輕（原子序最小）的氫，愈往右或往下時，原子序會逐漸變大，故週期表中愈右下方的元素就愈重。

元素符號與原子序是週期表的基本資訊，有些週期表除了這些基本資訊之外，還會像上方圖一樣補充其他資訊，譬如說「原子量」。如同我們在第16頁所介紹的，這個數字是該元素之各種同位素的質量數平均值。另外，還可能會寫出這個元素在週期表上的哪個位置，也就是「族與週期」，某些更詳細的週期表還會寫出「同位素」的種類與性質等資訊[2]。

---

[1] 當某個元素的原子與其他原子結合，或者是轉變成帶有電荷的離子時，其周圍的電子數目可能會產生變化。

[2] 某個原子（正確來說是某個核種）的質量數等於質子數與中子數的加總。當該元素有多種同位素時，為了區分會在元素符號的左上角用小字標示質量數。

「族」和「週期」

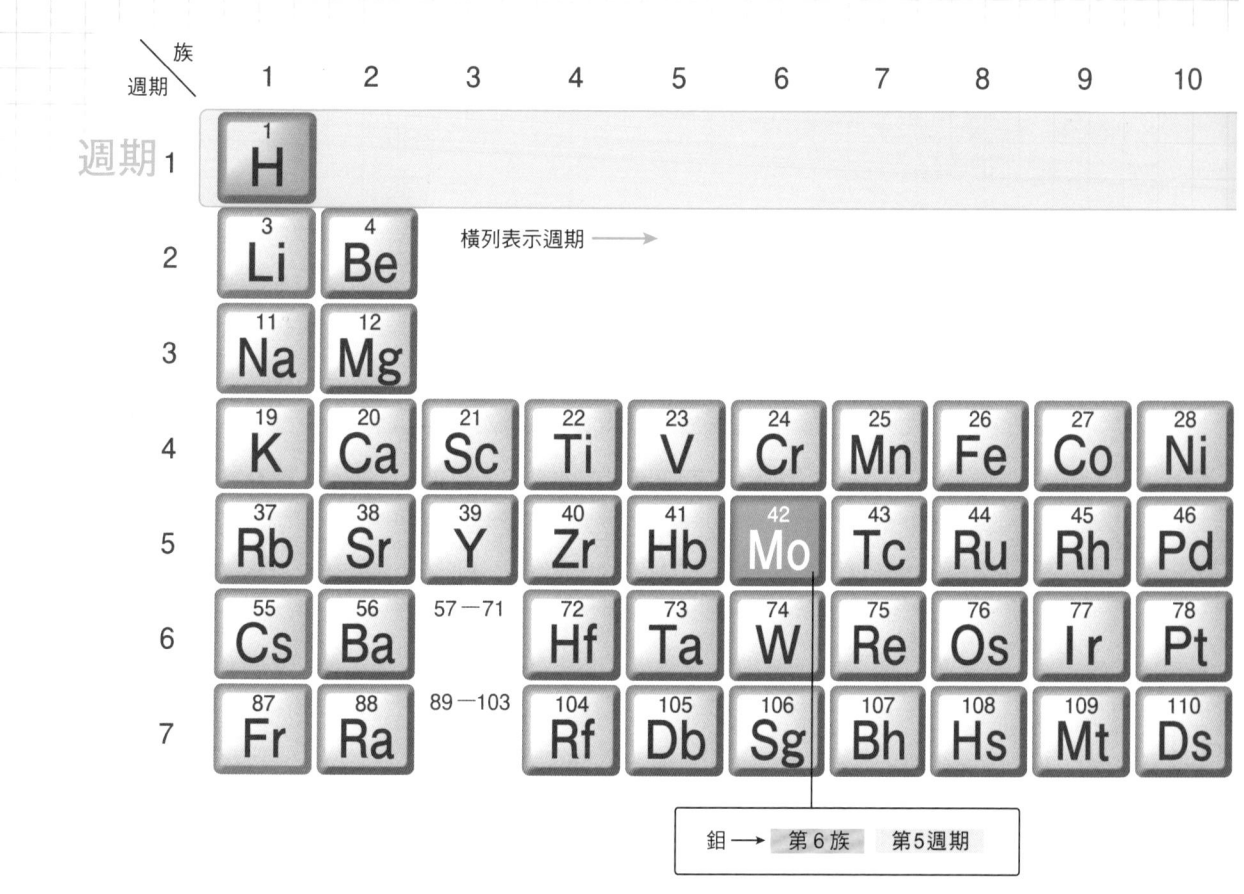

族 週期	1	2	3	4	5	6	7	8	9	10
週期 1	1 H									
2	3 Li	4 Be		橫列表示週期 →						
3	11 Na	12 Mg								
4	19 K	20 Ca	21 Sc	22 Ti	23 V	24 Cr	25 Mn	26 Fe	27 Co	28 Ni
5	37 Rb	38 Sr	39 Y	40 Zr	41 Hb	42 Mo	43 Tc	44 Ru	45 Rh	46 Pd
6	55 Cs	56 Ba	57—71	72 Hf	73 Ta	74 W	75 Re	76 Os	77 Ir	78 Pt
7	87 Fr	88 Ra	89—103	104 Rf	105 Db	106 Sg	107 Bh	108 Hs	109 Mt	110 Ds

鉬 → 第6族　第5週期

縱行為「族」、橫列為「週期」

　　週期表並非單純將元素排列出來而已。當我們看到週期表上的某個元素時，可以從它在週期表上的位置，了解到它的性質。元素在週期表中屬於哪個縱行、哪個橫列，分別代表它屬於哪個「族」及「週期」。事實上，族和週期正是閱讀週期表時非常重要的關鍵。

　　一般的週期表會把元素分成18族，以數字編號，從左方算起分別是第1族、第2族……。而從週期表的上方算起，則可分為第1週期、第2週期……同樣以數字編號。一般的週期

表大多會列出7個週期的元素。所有的元素都可以用週期及族來表示，譬如說氧（原子序為8）就是「第16族第2週期」的元素、鉬（原子序為42）就是「第6族第5週期」的元素……。

　　族與週期不只表示元素在週期表上的位置，還有著很重要的意義。

同一族元素有相似的化學性質

　　週期表上的縱行所代表的是族，位於同一縱行的元素為同一族，同一族的

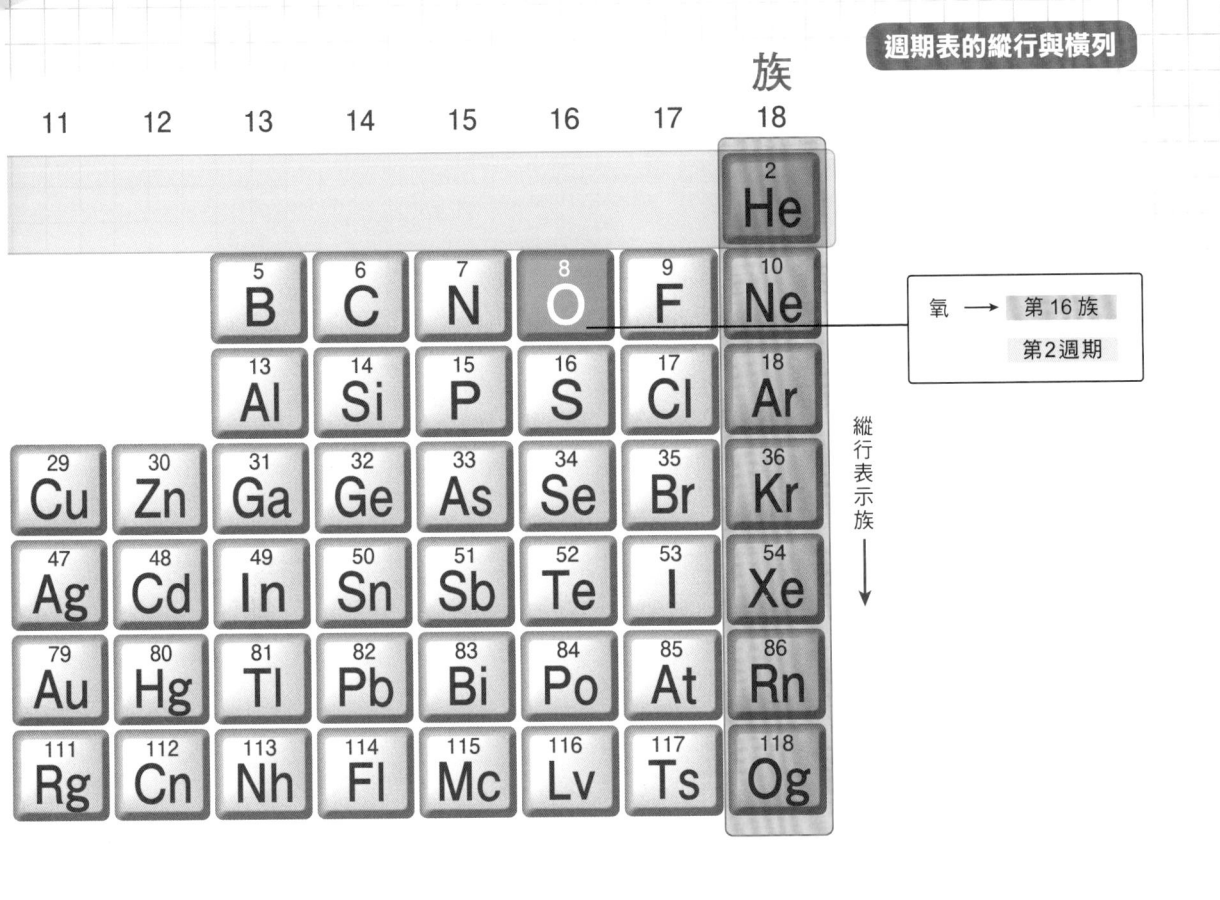

族

氧 ⟶ 第16族
第2週期

縱行表示族

元素有著相似的化學性質。

舉例來說，最左側的第1族，從上到下分別是氫、鋰、鈉⋯⋯這些元素有一些共同的特徵，那就是在純物質狀態下，熔點（物質從固體開始轉變成液體的溫度）都比較低、也比較輕（密度較小）。另外，這些元素都容易與其他物質產生非常劇烈的反應。因此，它們在自然界中很少以純物質（僅由該元素的原子所構成的物質）的形式存在，大多是以化合物（與其他元素結合後所形成的物質）的形式存在。而第2族也是容易產生反應，會形成性質相似的離子（稱為2價離子）的元素。

另一方面，最右側的第18族則包括氦、氖、氬⋯⋯等元素，這些元素與第1族元素剛好相反，是相當穩定的元素，幾乎不會與其他元素產生反應。因此自然界中不存在它們的化合物，幾乎都是以純物質的形式存在。

像這樣縱向觀察第1族元素的原子序，可發現第1號（氫）和第3號（鋰）彼此相差了2，而之後的第11號（鈉）、第19號（鉀），皆與前一個元素相差8；接著是第37號（銣）、第55號（銫），皆與前一個元素相差18。這就是門得列夫所說的「週期性地出現化學上的共同性質」。

「族」和「週期」

注意同一橫列！屬於第4週期，故擁有 K、L、M、N等4個電子殼層。

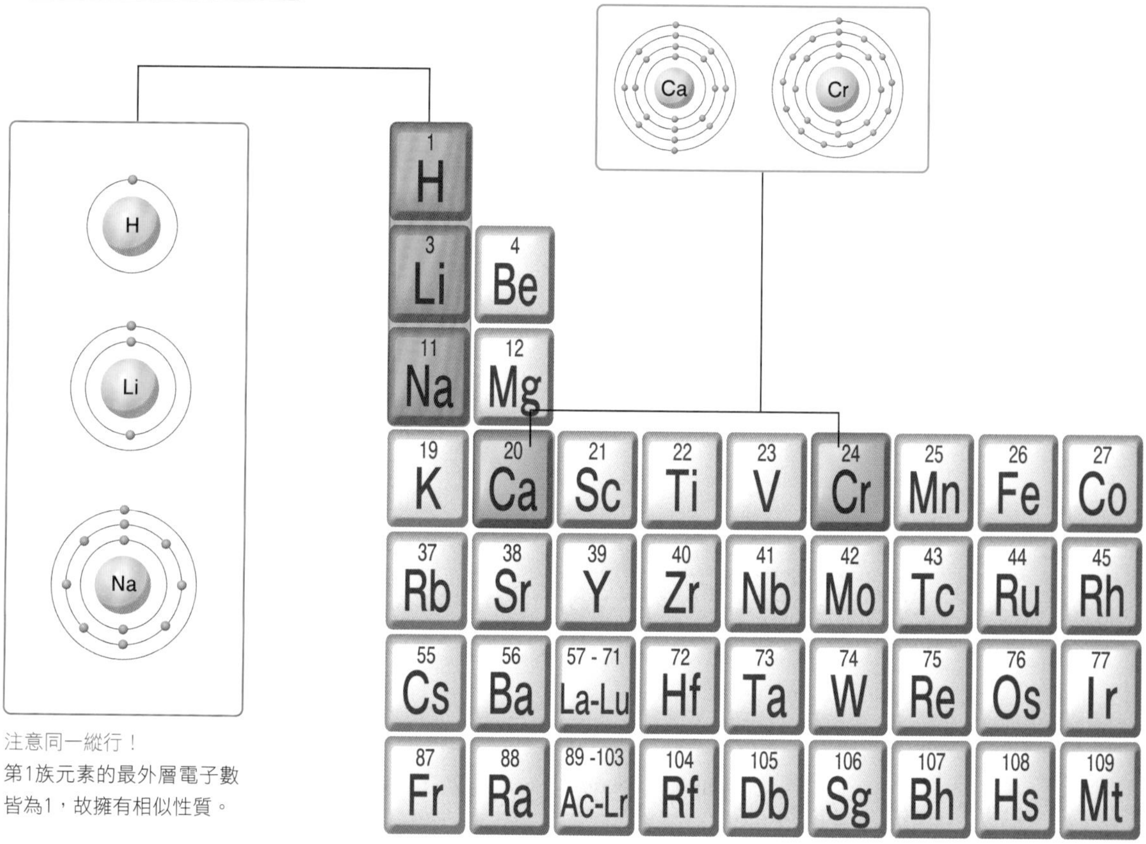

代表性元素的電子組態

注意同一縱行！
第1族元素的最外層電子數
皆為1，故擁有相似性質。

最外層電子的數目決定了化學性質

元素之所以會有這樣的週期性，原因就在於該元素原子內的電子的位置分布。如同我們在第13頁中所介紹的，電子會存在於原子內的固定區域（電子殼層），隨著電子數目的增加（也就是原子序愈大），而會從內側的電子殼層開始，依序填入電子。而每個電子殼層都有固定的「可容納電子數」，K層可容納2個、L層可容納8個、M層可容納18個……愈往外側的電子殼層，可容納的電子數愈多。

舉例來說，原子序為1的氫，其唯一

的電子就位於K層，而原子序為2的氦，K層內則有2個電子，因此K層就填滿了。原子序為3的鋰，除了K層內的2個電子，還有1個電子在外側的L層。原子序為11的鈉，K層與L層皆處於填滿狀態，這2層共有10個電子，多出來的1個電子則填入更外側的M層。

由此便可看出同一族元素的共同點。也就是說，第1族中的每個元素，最外側的電子殼層內都只有1個電子。另一方面，第18族元素最外側的電子殼層則處於填滿狀態。原子在與其他原子進行

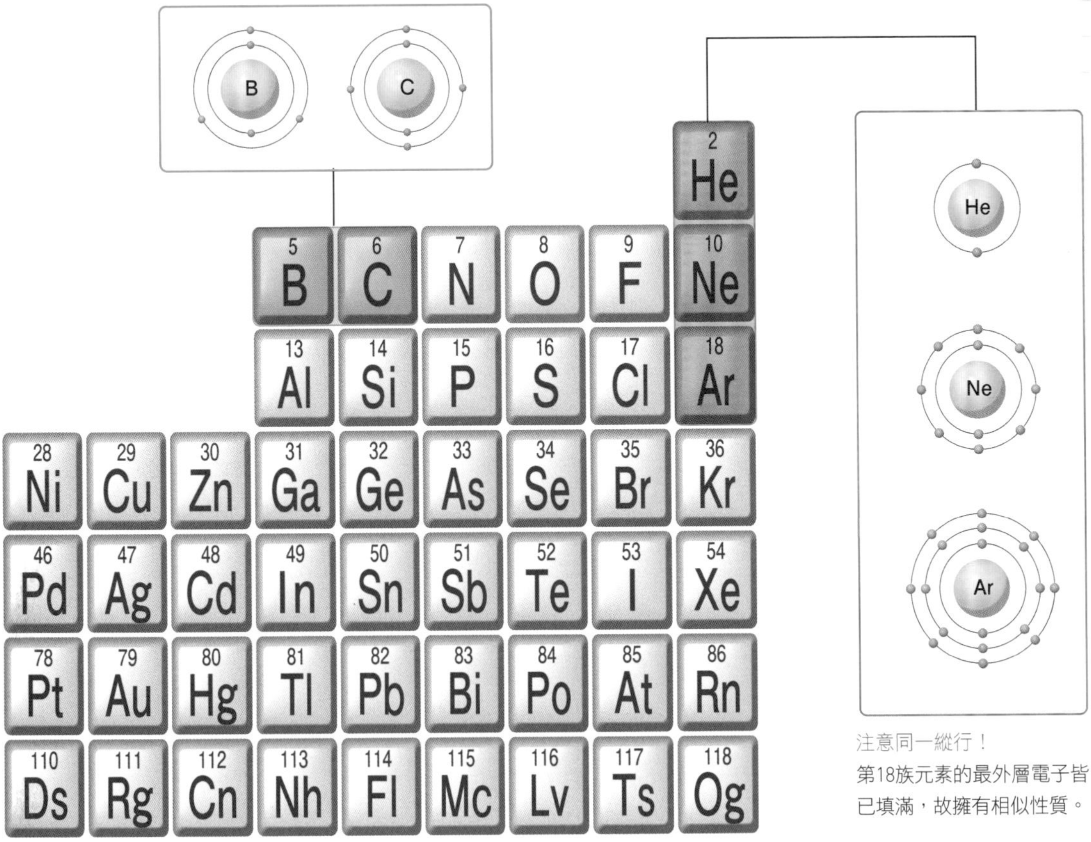

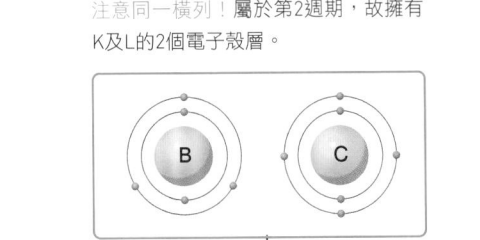

注意同一橫列！屬於第2週期，故擁有K及L的2個電子殼層。

注意同一縱行！
第18族元素的最外層電子皆已填滿，故擁有相似性質。

化學反應時，就是以最外層的電子進行交互作用，故最外層電子數相同的原子會有相似的化學性質。週期表中的同一族元素，便顯示出了這個共同特徵。

由族和週期看出原子的特性

另一方面，橫列的週期則代表該原子有幾層電子殼層。第1週期的元素只有K層，第2週期的元素有K及L2層，第3週期的元素則有K、L、M共3層……週期表愈下方的元素，電子殼層的數目也愈多。電子數量增加，就代表著原子核內質子與中子的數量也隨之增加，因此該原子也會變得愈重、愈複雜。

不過，同一週期的元素並不像同一族的元素那樣有明顯的共同特徵（部分例外的元素則有某些共同性質）。

同時考慮元素的族與週期，便可由週期表看出該原子的特徵。比方說原子序為20的鈣是第4週期的元素，從內側算起有K、L、M、N共4個電子殼層，又因為是第2族（這個週期中從左算來第2個元素），故最外側的N層中有2個電子。

以顏色分區的理由

以顏色表示元素性質

除了元素符號和原子序之外，週期表上還寫有各式各樣的資訊。其中一項資訊，就是將元素以顏色分成各個區塊。這麼做就可以依照元素性質表現出粗略的分類。

從遠處觀看有區分顏色的週期表時，能夠清楚看到一區區色塊，這是因為週期表上性質相近、擁有類似特徵的元素會劃在同一塊區域。

標示顏色的方法有很多種，每個週期表會因需要列出不同資訊或者用不同的方式填色。一般來說，會在週期表的範圍外，以圖例的方式說明各種顏色所代表的元素性質。在這裡舉其中一種例子示範如何用顏色為週期表上的元素分類。

顏色分區範例

族	1	2	3	4	5	6	7
週期							
1	1 H						
2	3 Li	4 Be					
3	11 Na	12 Mg					
4	19 K	20 Ca	21 Sc	22 Ti	23 V	24 Cr	25 Mn
5	37 Rb	38 Sr	39 Y	40 Zr	41 Nb	42 Mo	43 Tc
6	55 Cs	56 Ba	57-71	72 Hf	73 Ta	74 W	75 Re
7	87 Fr	88 Ra	89-103	104 Rf	105 Db	106 Sg	107 Bh

過渡元素

「典型元素」與「過渡元素」
前面提到，原子會從內側的電子殼層開始依序填入電子。不過，只有「典型元素」的原子會遵循這個規則，「過渡元素」的原子並不完全遵循這個規則。一個電子殼

57 La	58 Ce	59 Pr	60 Nd
89 Ac	90 Th	91 Pa	92 U

鹼金屬	鹼土金屬

「鑭系元素」與「錒系元素」
多數週期表會在表下方另外拉出2列元素，上列是「鑭系元素（稀土元素）」，下列則是「錒系元素」，兩者分別對應到第3族的第6週期與第7週期的部分元素。第6週期以上的元素，其最外層的電子數量相當多，且填入電子的順序變得較為複雜，使週期表會在橫向被拉得很長，不容易閱讀，所以一般說會把這些元素拉出來自成一區。鑭系元素與錒系元素各自都有一些共通的性質也是原因之一。

依照特定特徵分類
除了這邊舉的例子，也常看到用顏色區分擁有特定特徵元素的週期表，像是「鹼金屬（所有第1族元素）」、「鹼土金屬（所有第2族元素）」、「鹵素（所有第17族元素）」、「惰性氣體（所有第18族元素）」等。

層內有數個電子軌域（第13頁），過渡元素可能會在內側電子軌域尚未填滿時，就將電子填入較外側的電子軌域，這些元素的離子態與化學反應有某些特殊性質。另外，過渡元素皆為金屬元素，故有時也稱為過渡金屬。

8	9	10	11	12	13	14	15	16	17	18
										2 He
					5 B	6 C	7 N	8 O	9 F	10 Ne
					13 Al	14 Si	15 P	16 S	17 Cl	18 Ar
26 Fe	27 Co	28 Ni	29 Cu	30 Zn	31 Ga	32 Ge	33 As	34 Se	35 Br	36 Kr
44 Ru	45 Rh	46 Pd	47 Ag	48 Cd	49 In	50 Sn	51 Sb	52 Te	53 I	54 Xe
76 Os	77 Ir	78 Pt	79 Au	80 Hg	81 Tl	82 Pb	83 Bi	84 Po	85 At	86 Rn
108 Hs	109 Mt	110 Ds	111 Rg	112 Cn	113 Nh	114 Fl	115 Mc	116 Lv	117 Ts	118 Og

61 Pm	62 Sm	63 Eu	64 Gd	65 Tb	66 Dy	67 Ho	68 Er	69 Tm	70 Yb	71 Lu
93 Np	94 Pu	95 Am	96 Cm	97 Bk	98 Cf	99 Es	100 Fm	101 Md	102 No	103 Lr

金屬元素				非金屬元素		
鑭系元素	過渡元素	卑金屬	類金屬	非金屬元素	鹵素	惰性氣體
錒系元素						

「金屬元素」與「非金屬元素」
元素中，「金屬元素」指的是那些可以形成我們平常說的金屬或金屬結晶的元素。金屬的純物質具有金屬光澤、良好的導電度與導熱度、延展性高……等性質。已知元素中，有8成以上皆為金屬元素。
金屬元素以外的元素則是所謂的「非金屬元素」。如其名所示，泛指所有不是金屬元素的元素，雖然並沒有特定的性質，但具有與金屬元素相比，較不容易獲得或失去電子的共通點。

閱讀週期表的方法

由週期表看出原子大小

常見的原子模型大多是以原子核為中心的圓形或球狀，但原子的真正樣貌其實相當複雜，難以畫成圖。因此在探討物質性質的時候，我們會把原子想像成一個球體，由原子和其他原子之間的距離，估計出原子的大小。

這個數值稱為「原子半徑」，然而即使是同樣的元素，隨著物質狀態、與其他原子鍵結方式、鍵結的原子種類等的差異，原子半徑也會有很大的變化。因此，

我們很難明確地說出「某個元素的原子半徑究竟有多大」，不過，卻可以從週期表中看出原子半徑變化的趨勢。

首先，愈下方的週期擁有愈多的電子殼層，因此在同一族的元素中，週期愈大（位置愈往下）的元素，原子也愈大。

另外，在同一週期中，愈往右側質子與最外層電子數皆愈多，因此質子與電子之間的吸引力更強，原子半徑更小。

從週期表看出原子的大小、離子的改變傾向

原子大小 →
族（縱行）：愈下方的元素愈大
週期（橫列）：愈左邊的元素愈大

第一游離能 →
愈往右上的元素→愈難轉變成陽離子
愈往左下的元素→愈容易轉變成陽離子

1	2	3	4	5	6	7	8	9	10	11	12	13
1 H 1.008												
3 Li 6.941	4 Be 9.012											5 B 10.81
11 Na 22.99	12 Mg 24.31											13 Al 26.98
19 K 39.10	20 Ca 40.08	21 Sc 44.96	22 Ti 47.87	23 V 50.94	24 Cr 52.00	25 Mn 54.94	26 Fe 55.85	27 Co 58.93	28 Ni 58.69	29 Cu 63.55	30 Zn 65.38	31 Ga 69.72
37 Rb 85.47	38 Sr 87.62	39 Y 88.91	40 Zr 91.22	41 Nb 92.91	42 Mo 95.95	43 Tc (99)	44 Ru 101.1	45 Rh 102.9	46 Pd 106.4	47 Ag 107.9	48 Cd 112.4	49 In 114.8
55 Cs 132.9	56 Ba 137.3	57-71	72 Hf 178.5	73 Ta 180.9	74 W 183.8	75 Re 186.2	76 Os 190.2	77 Ir 192.2	78 Pt 195.1	79 Au 197.0	80 Hg 200.6	81 Tl 204.4
87 Fr (223)	88 Ra (226)	89-103	104 Rf (267)	105 Db (268)	106 Sg (271)	107 Bh (272)	108 Hs (277)	109 Mt (276)	110 Ds (281)	111 Rg (280)	112 Cn (285)	113 Nh (284)

大 ←

由週期表看出電子與原子核的結合力

　　將原子的最外側電子殼層中拿掉1個電子（使其轉變成陽離子）時，需要的能量被稱為「第一游離能」。第一游離能代表該原子轉變成陽離子的難度，與該原子容不容易與其他原子產生化學反應有關，同時也表示原子核拉住電子的能力有多強。

　　愈往週期表的右上，第一游離能就愈大，愈往左下就愈小。也就是說，位於右上的元素較難以轉變成陽離子，左下的元素則較容易轉變成陽離子。

大

14	15	16	17	18
				2 He 4.003
6 C 12.01	7 N 14.01	8 O 16.00	9 F 19.00	10 Ne 20.18
14 Si 28.09	15 P 30.97	16 S 32.07	17 Cl 35.45	18 Ar 39.95
32 Ge 72.63	33 As 74.92	34 Se 78.97	35 Br 79.90	36 Kr 83.80
50 Sn 118.7	51 Sb 121.8	52 Te 127.6	53 I 126.9	54 Xe 131.3
82 Pb 207.2	83 Bi 209.0	84 Po (210)	85 At (210)	86 Rn (222)
114 Fl (289)	115 Mc (288)	116 Lv (293)	117 Ts (294)	118 Og (294)

由「元素分區」探討原子的性質

　　週期表可粗略分成s、p、d、f共4個區塊[1]，各個分區內的元素有一些共同特徵。依該元素位於s、p、d、f哪個區塊，即可得知該元素原子能量最大的電子位於電子殼層中s、p、d、f的哪個軌域。

　　在同一個電子殼層內，電子軌域的能量由小到大分為s、p、d、f。不過，在比M層更外側的電子殼層中，可能會出現「某個電子殼層的s軌域，比其內側電子殼層的d軌域能量還要小」的情形。這種情況下，原子就會在內側電子軌域尚未填滿時，先將電子填入外側電子軌域，形成在第38頁中介紹的過渡元素。

　　在觀看週期表時，除了週期和族之外，如果可以一起考慮元素分區，便可以進一步了解該原子的電子組態。

週期表元素分區

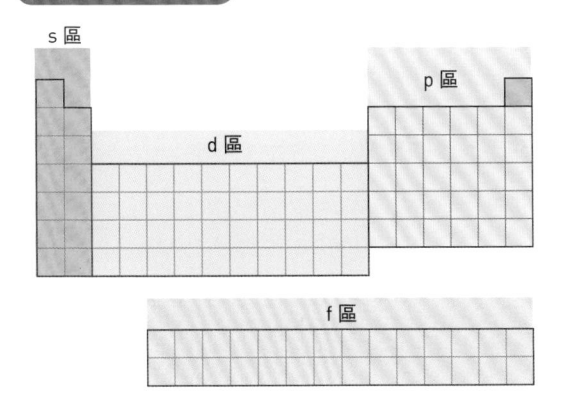

▲
元素分區即是用來區分該元素原子能量最大的電子位於電子殼層中的哪個軌域。

各式各樣的元素週期表

不同形式的週期表

　　本章中介紹了如何閱讀週期表，在最後就讓我們來看看各式各樣的週期表吧。

　　各種週期表的閱讀方式與想表達的概念略有差異。有些週期表直接展示出含有實際元素的物質、有些週期表被做成我們日常生活中會用到的產品、有些週期表是立體的、有些週期表的元素配置則被改動等等，觀察各式各樣的週期表，說不定可以讓你有新的發現。

由日本文部科學省製作，（公益財團法人）科學技術廣報財團發布的週期表，每個元素的格子內都附有與該元素相關的插圖、照片，並說明其用途與元素名的由來。另外，還用顏色區分出該元素在常溫下是固體、液體還是氣體。這個週期表是以實體海報及數位資料的形式發布。

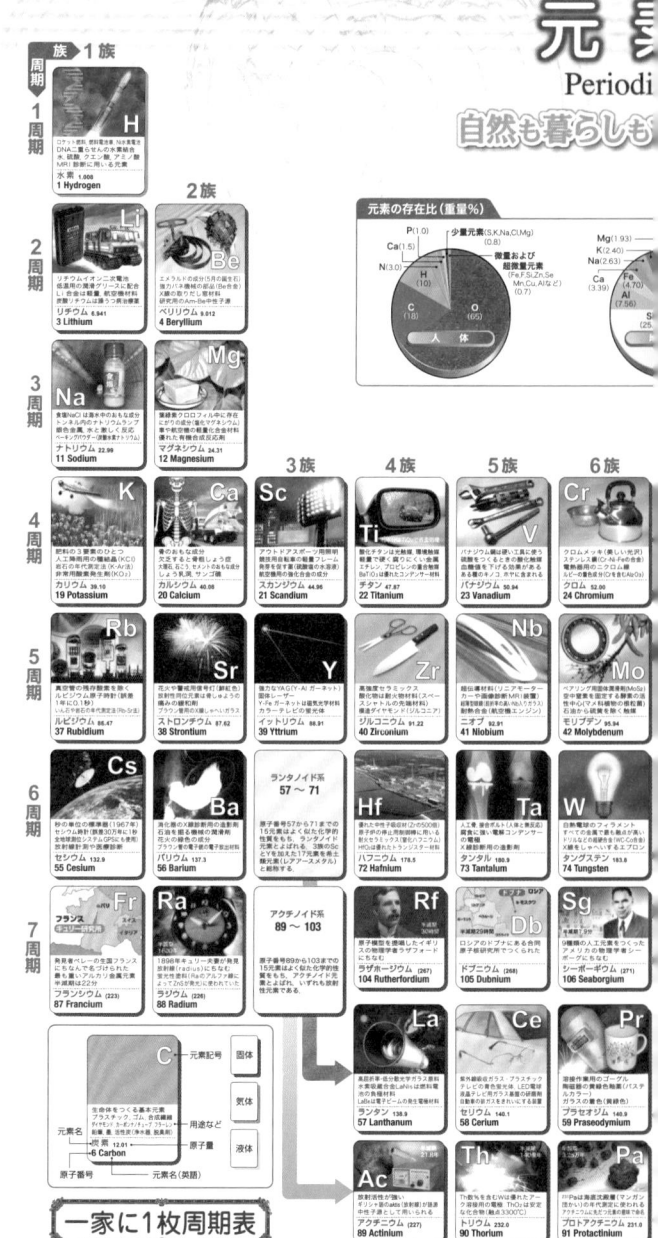

周 期 表
e of the Elements
元素記号で書かれている

科學海報《一家一張》系列　元素週期表

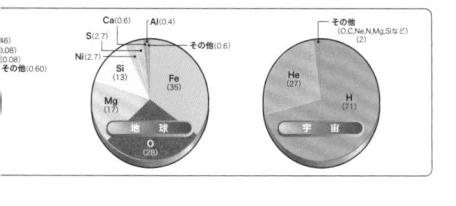

地球 / 宇宙

メンデレーエフ (Dmitrii Ivanovich Mendeleev, 1834～1907)
1869年、ロシアのペテルスブルグ大学の化学者メンデレーエフは、当時知られていた63種類の元素を (1) 原子量の順に並べ、(2) 酸素や塩素と結合してできる物質の組成（たとえば、ナトリウムはNaClを、マグネシウムはMgCl₂をつくる）などの性質が周期的に変化する法則「周期律」を見いだし、性質が似た元素が同じ列にくるように配列した周期表をつくった。その表のなかには空欄があり、当時知られていなかった元素の性質を予言した。初めはメンデレーエフの周期表は注目されなかったが、1875年にガリウムが、1886年にゲルマニウムが発見され、それらの性質が彼の予言のとおりであったため、世界的に信頼された。現在では周期表は、すべての人が用いる化学や物理学の基本となっている。

18族

He
ヘリウム 4.003
2 Helium

13族
B ホウ素 10.81 — 5 Boron
Al アルミニウム 26.98 — 13 Aluminum

14族
C 炭素 12.01 — 6 Carbon
Si ケイ素 28.09 — 14 Silicon

15族
N 窒素 14.01 — 7 Nitrogen
P リン 30.97 — 15 Phosphorus

16族
O 酸素 16.00 — 8 Oxygen
S 硫黄 32.07 — 16 Sulfur

17族
F フッ素 19.00 — 9 Fluorine
Cl 塩素 35.45 — 17 Chlorine

Ne ネオン 20.18 — 10 Neon
Ar アルゴン 39.95 — 18 Argon

8族
Fe 鉄 55.85 — 26 Iron
Ru ルテニウム 101.1 — 44 Ruthenium
Os オスミウム 190.2 — 76 Osmium
Hs ハッシウム (269) — 108 Hassium

9族
Co コバルト 58.93 — 27 Cobalt
Rh ロジウム 102.9 — 45 Rhodium
Ir イリジウム 192.2 — 77 Iridium
Mt マイトネリウム (278) — 109 Meitnerium

10族
Ni ニッケル 58.69 — 28 Nickel
Pd パラジウム 106.4 — 46 Palladium
Pt 白金 195.1 — 78 Platinum
Ds ダームスタチウム (281) — 110 Darmstadtium

11族
Cu 銅 63.55 — 29 Copper
Ag 銀 107.9 — 47 Silver
Au 金 197.0 — 79 Gold
Rg レントゲニウム (280) — 111 Roentgenium

12族
Zn 亜鉛 65.41 — 30 Zinc
Cd カドミウム 112.4 — 48 Cadmium
Hg 水銀 200.6 — 80 Mercury
Cn コペルニシウム (285) — 112 Copernicium

Ga ガリウム 69.72 — 31 Gallium
Ge ゲルマニウム 72.63 — 32 Germanium
As ヒ素 74.92 — 33 Arsenic
Se セレン 78.96 — 34 Selenium
Br 臭素 79.90 — 35 Bromine
Kr クリプトン 83.80 — 36 Krypton

In インジウム 114.8 — 49 Indium
Sn スズ 118.7 — 50 Tin
Sb アンチモン 121.8 — 51 Antimony
Te テルル 127.6 — 52 Tellurium
I ヨウ素 126.9 — 53 Iodine
Xe キセノン 131.3 — 54 Xenon

Tl タリウム 204.4 — 81 Thallium
Pb 鉛 207.2 — 82 Lead
Bi ビスマス 209.0 — 83 Bismuth
Po ポロニウム (210) — 84 Polonium
At アスタチン (210) — 85 Astatine
Rn ラドン (222) — 86 Radon

Uut ウンウントリウム (278) — 113 Ununtrium
Fl フレロビウム (289) — 114 Flerovium
Uup ウンウンペンチウム (289) — 115 Ununpentium
Lv リバモリウム (293) — 116 Livermorium
Uus ウンウンセプチウム (294) — 117 Ununseptium
Uuo ウンウンオクチウム (294) — 118 Ununoctium

Pm プロメチウム (145) — 61 Promethium
Sm サマリウム 150.4 — 62 Samarium
Eu ユウロピウム 152.0 — 63 Europium
Gd ガドリニウム 157.3 — 64 Gadolinium
Tb テルビウム 158.9 — 65 Terbium
Dy ジスプロシウム 162.5 — 66 Dysprosium
Ho ホルミウム 164.9 — 67 Holmium
Er エルビウム 167.3 — 68 Erbium
Tm ツリウム 168.9 — 69 Thulium
Yb イッテルビウム 173.0 — 70 Ytterbium
Lu ルテチウム 175.0 — 71 Lutetium

Np ネプツニウム (237) — 93 Neptunium
Pu プルトニウム (239) — 94 Plutonium
Am アメリシウム (243) — 95 Americium
Cm キュリウム (247) — 96 Curium
Bk バークリウム (247) — 97 Berkelium
Cf カリホルニウム (252) — 98 Californium
Es アインスタイニウム (252) — 99 Einsteinium
Fm フェルミウム (257) — 100 Fermium
Md メンデレビウム (258) — 101 Mendelevium
No ノーベリウム (259) — 102 Nobelium
Lr ローレンシウム (262) — 103 Lawrencium

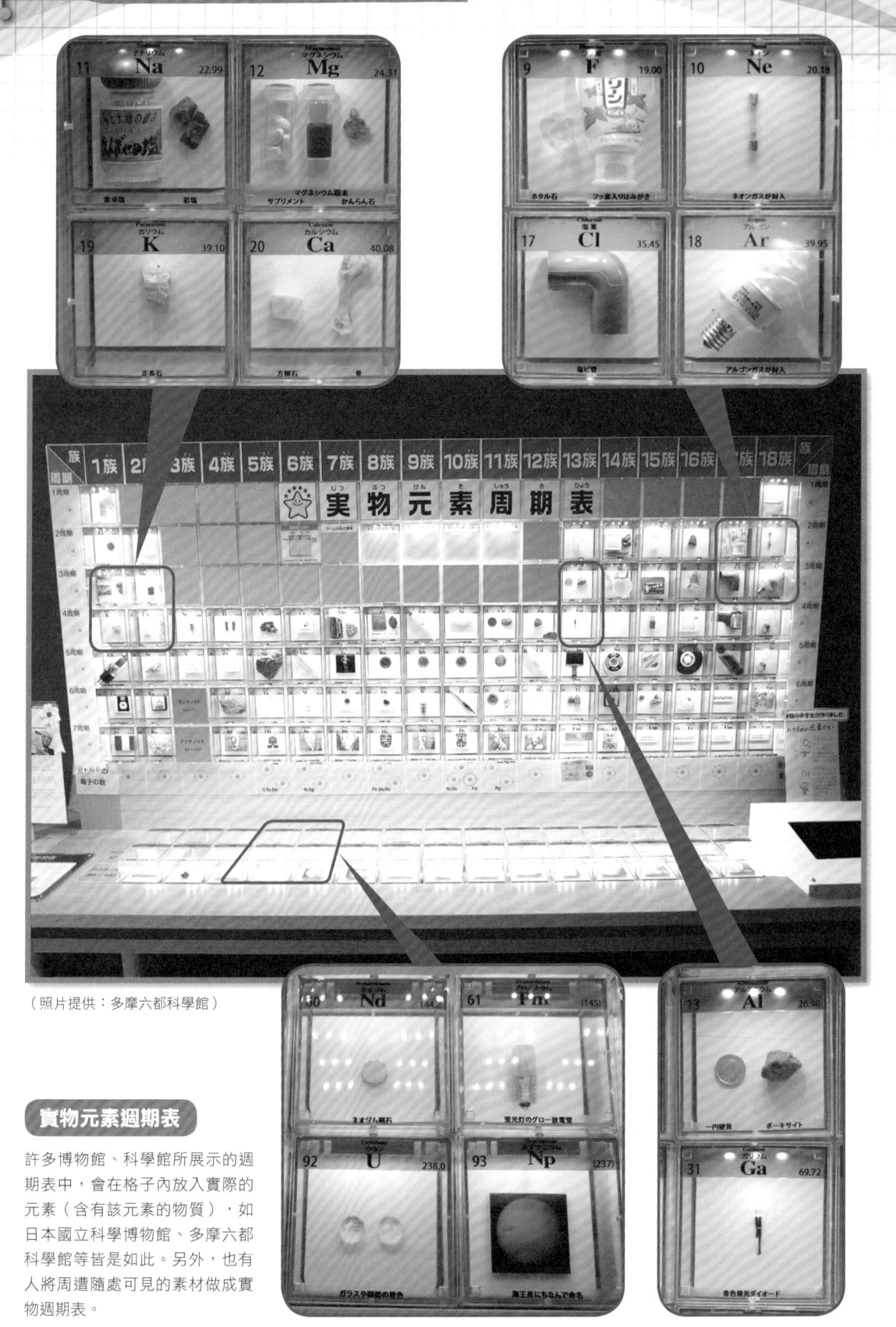

（照片提供：多摩六都科學館）

實物元素週期表

許多博物館、科學館所展示的週期表中，會在格子內放入實際的元素（含有該元素的物質），如日本國立科學博物館、多摩六都科學館等皆是如此。另外，也有人將周遭隨處可見的素材做成實物週期表。

原子序時鐘

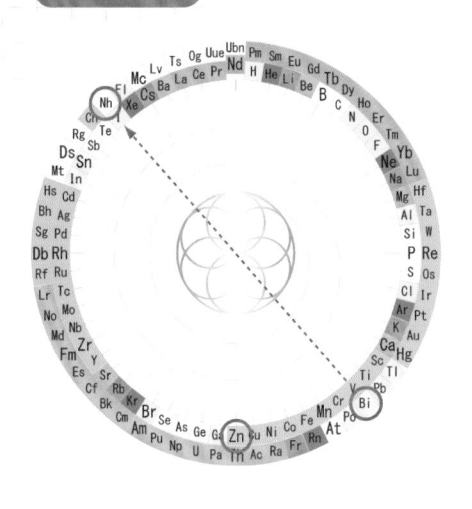

$$_{30}Zn + {}_{83}Bi \rightarrow {}_{113}Nh$$
$$(83=60+23)$$

原子序時鐘是將元素符號排列在鐘面的時鐘。因為每個人都曉得鐘面上的位置分別代表幾分鐘，故看到鐘面上的元素符號時，可以自然而然地聯想到原子序，並記憶下來。舉例來說，欲合成原子序113的鉨時需用到鋅（Zn，原子序30）與鉍（Bi，原子序83）等2種元素，由鐘面可看出，鉍位於83分（60＋23分）處，鋅位於30分處，兩者相加後便可得到113的鉨。（久留米大學附設高等學校　名和長泰 提供）

中國的元素週期表

所有元素皆以漢字表示。要把這些元素全都記起來，實在不是件容易的事。對日本人來說，有趣的是可以從每個元素名稱的部首看出該元素的性質，如「氫」是氣體元素、「鉬」則是金屬元素。

1 H 氫																	2 He 氦
3 Li 鋰	4 Be 鈹											5 B 硼	6 C 碳	7 N 氮	8 O 氧	9 F 氟	10 Ne 氖
11 Na 鈉	12 Mg 鎂											13 Al 鋁	14 Si 矽	15 P 磷	16 S 硫	17 Cl 氯	18 Ar 氬
19 K 鉀	20 Ca 鈣	21 Sc 鈧	22 Ti 鈦	23 V 釩	24 Cr 鉻	25 Mn 錳	26 Fe 鐵	27 Co 鈷	28 Ni 鎳	29 Cu 銅	30 Zn 鋅	31 Ga 鎵	32 Ge 鍺	33 As 砷	34 Se 硒	35 Br 溴	36 Kr 氪
37 Rb 銣	38 Sr 鍶	39 Y 釔	40 Zr 鋯	41 Nb 鈮	42 Mo 鉬	43 Tc 鎝	44 Ru 釕	45 Rh 銠	46 Pd 鈀	47 Ag 銀	48 Cd 鎘	49 In 銦	50 Sn 錫	51 Sb 銻	52 Te 碲	53 I 碘	54 Xe 氙
55 Cs 銫	56 Ba 鋇	57-71	72 Hf 鉿	73 Ta 鉭	74 W 鎢	75 Re 錸	76 Os 鋨	77 Ir 銥	78 Pt 鉑	79 Au 金	80 Hg 汞	81 Tl 鉈	82 Pb 鉛	83 Bi 鉍	84 Po 釙	85 At 砈	86 Rn 氡
87 Fr 鍅	88 Ra 鐳	89-103	104 Rf 鑪	105 Db 𨧀	106 Sg 𨭎	107 Bh 𨨏	108 Hs 𨭆	109 Mt 䥑	110 Ds 鐽	111 Rg 錀	112 Cn 鎶	113 Nh 鉨	114 Fl 鈇	115 Mc 鏌	116 Lv 鉝	117 Ts 鿬	118 Og 鿫

57 La 鑭	58 Ce 鈰	59 Pr 鐠	60 Nd 釹	61 Pm 鉕	62 Sm 釤	63 Eu 銪	64 Gd 釓	65 Tb 鋱	66 Dy 鏑	67 Ho 鈥	68 Er 鉺	69 Tm 銩	70 Yb 鐿	71 Lu 鎦
89 Ac 錒	90 Th 釷	91 Pa 鏷	92 U 鈾	93 Np 錼	94 Pu 鈈	95 Am 鎇	96 Cm 鋦	97 Bk 鉳	98 Cf 鉲	99 Es 鑀	100 Fm 鐨	101 Md 鍆	102 No 鍩	103 Lr 鐒

※皆為繁體字

也有立體的週期表

一般的週期表會將第1族與第18族的元素分別放在週期表的左右兩端，兩者離得很遠。但實際上從原子序可看出，接續第18族元素的就是下一週期的第1族元素。換言之，在一般週期表中離得很遠的第1族與第18族元素，其實彼此相鄰。

另外，第2週期的鈹（原子序4）與硼（原子序5）、第3週期的鎂（原子序12）與鋁（原子序13）本來也應該是相鄰的元素才對，在週期表中卻被分開了（為了要和第4週期之後的同族元素排在一起）。鑭系元素與錒系元素在一般週期表中也被另外拉了出來。

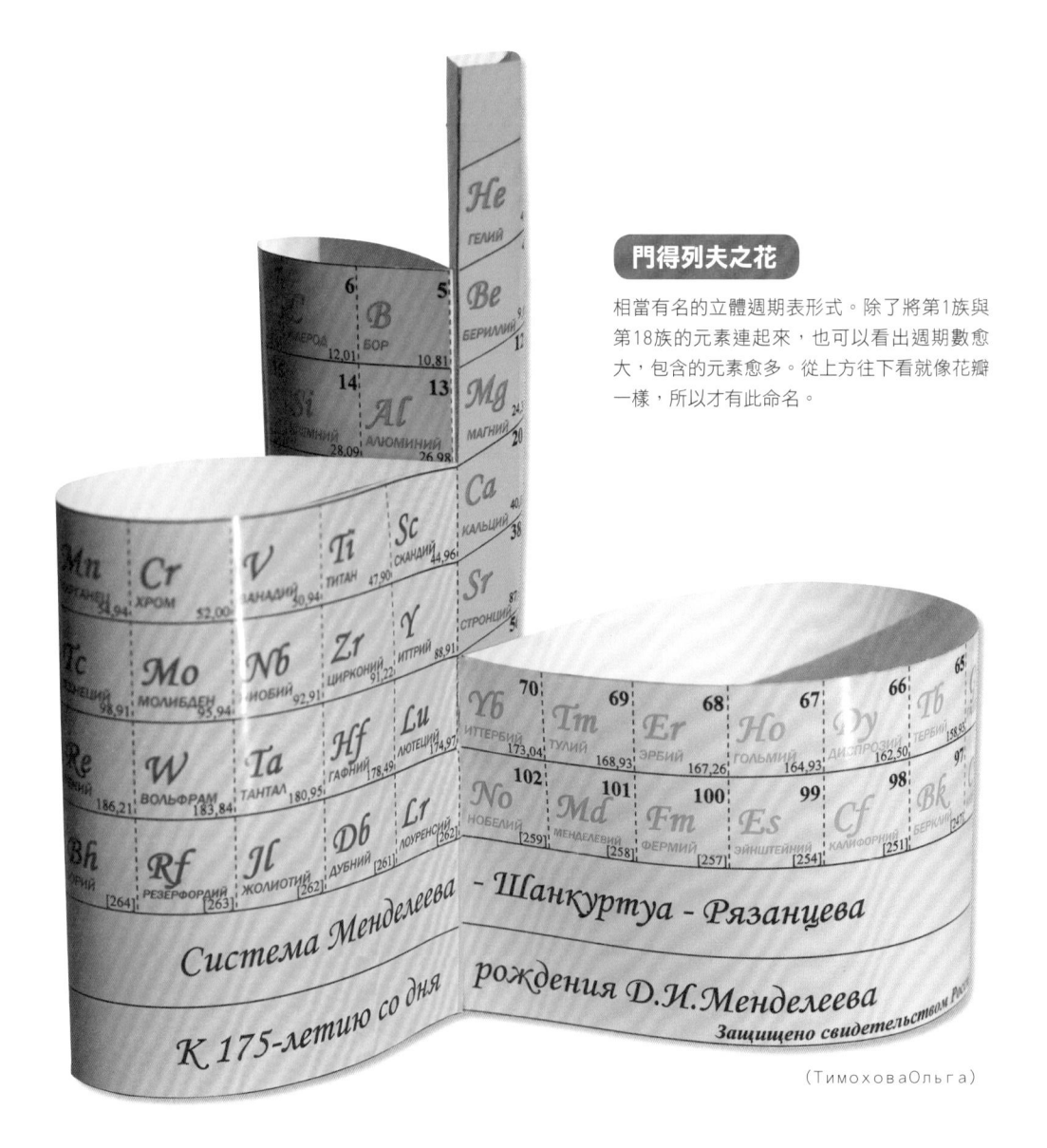

門得列夫之花

相當有名的立體週期表形式。除了將第1族與第18族的元素連起來，也可以看出週期數愈大，包含的元素愈多。從上方往下看就像花瓣一樣，所以才有此命名。

（ТимоховаОльга）

考慮到這些因素，如果想依照原子序將元素一一排列，應該可想像要用圓形或漩渦形的形式來呈現元素週期表才對。不過圓形或漩渦形的週期表不容易看出某個元素屬於哪個週期，而當週期較大時，元素格子又會變得很大。於是就出現了將所有元素格子做成相同大小，並排成一列的立體週期表。其中，京都大學的前野悅輝教授提出的「Elementouch」就是一個著名的例子。

觀察各式各樣的元素週期表，可以幫助我們深入思考各種元素的組成及性質的規律性。

Elementouch

由京都大學的前野悅輝教授所提出的一種立體週期表，表中將鑭系元素與錒系元素在內的所有元素排成一列。從上方往下看時，可以看出元素有哪些電子軌域，此外還有許多優點。也可以用類似的形式做成筆筒型週期表。（◎前野悅輝）

各式各樣的元素週期表

還有這種形式的週期表

在我們平常看到的週期表中，氫因為是第1族第1週期的元素，故會放在表的最左上端；而第1族的元素中，除了氫之外都被分類為鹼金屬元素。由於氫同時具有鹼金屬及鹵素兩者的性質，故有需要將它當成特別的元素看待，於是有人提出如右圖般的圓形週期表。

另外，為了預留空間給尚未發現、自然界中不存在的超重元素，也有人製作出考慮到未知元素的「擴展型週期表」。

西博格擴展週期表

最有名的擴展型週期表，是1969年由美國化學家格倫・西博格所提出的週期表。他依照週期表中前7個週期的規律，把可預測其存在的超重元素納入週期表中，也將鑭系元素與錒系元素一起放入表內。由於週期表包含第8週期以後、尚未確認其存在的g區元素，故可容納原子序218以前的所有元素。

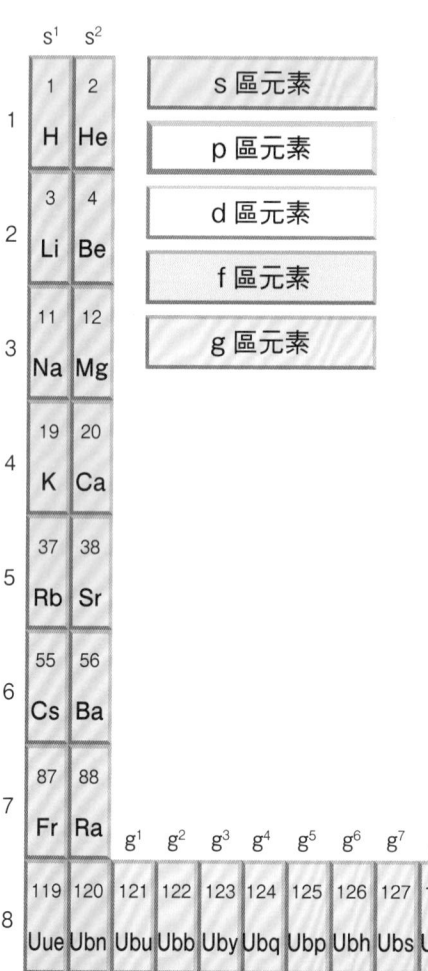

圖例：

- s 區元素
- p 區元素
- d 區元素
- f 區元素
- g 區元素

週期	s^1	s^2	g^1	g^2	g^3	g^4	g^5	g^6	g^7	g^8	g^9	g^{10}	g^{11}	g^{12}	g^{13}	g^{14}	g^{15}	g^{16}	g^{17}	g^{18}			f^1	f^2	f^3	f^4	f^5
1	1 H	2 He																									
2	3 Li	4 Be																									
3	11 Na	12 Mg																									
4	19 K	20 Ca																									
5	37 Rb	38 Sr																									
6	55 Cs	56 Ba																					57 La	58 Ce	59 Pr	60 Nd	61 Pm
7	87 Fr	88 Ra																					89 Ac	90 Th	91 Pa	92 U	93 Np
8			119 Uue	120 Ubn	121 Ubu	122 Ubb	123 Uby	124 Ubq	125 Ubp	126 Ubh	127 Ubs	128 Ubo	129 Ube	130 Utn	131 Utu	132 Utb	133 Utt	134 Utq	135 Utp	136 Uth	137 Uts	138 Uto	139 Ute	140 Uqn	141 Uqu	142 Uqb	143 Uqt
9			169 Une	170 Usn	171 Usu	172 Usb	173 Ust	174 Usq	175 Usp	176 Ush	177 Uss	178 Uso	179 Use	180 Uon	181 Uou	182 Uob	183 Uot	184 Uoq	185 Uop	186 Uoh	187 Uos	188 Uoo	189 Uoe	190 Uen	191 Ueu	192 Ueb	193 Uet

漩渦形週期表

（Mardeg at English Wikipedia）

以氫為中心，將元素依照原子序
排列成漩渦狀。

圓形週期表

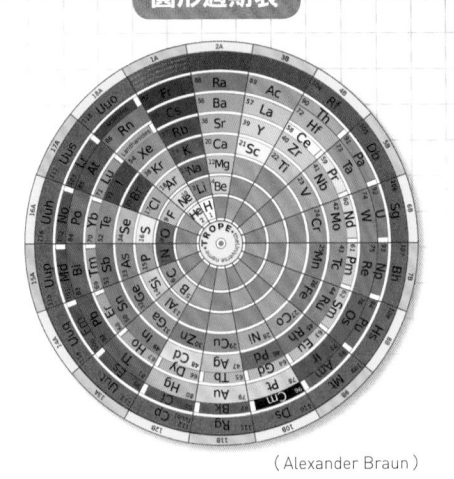

（Alexander Braun）

將一般週期表的第1族與第18連接起來，使元
素排列成圓形。

f^6	f^7	f^8	f^9	f^{10}	f^{11}	f^{12}	f^{13}	f^{14}	d^1	d^2	d^3	d^4	d^5	d^6	d^7	d^8	d^9	d^{10}	p^1	p^2	p^3	p^4	p^5	p^6
																			5 B	6 C	7 N	8 O	9 F	10 Ne
																			13 Al	14 Si	15 P	16 S	17 Cl	18 Ar
									21 Sc	22 Ti	23 V	24 Cr	25 Mn	26 Fe	27 Co	28 Ni	29 Cu	30 Zn	31 Ga	32 Ge	33 As	34 Se	35 Br	36 Kr
									39 Y	40 Zr	41 Nb	42 Mo	43 Tc	44 Ru	45 Rh	46 Pd	47 Ag	48 Cd	49 In	50 Sn	51 Sb	52 Te	53 I	54 Xe
62 Sm	63 Eu	64 Gd	65 Tb	66 Dy	67 Ho	68 Er	69 Tm	70 Yb	71 Lu	72 Hf	73 Ta	74 W	75 Re	76 Os	77 Ir	78 Pt	79 Au	80 Hg	81 Tl	82 Pb	83 Bi	84 Po	85 At	86 Rn
94 Pu	95 Am	96 Cm	97 Bk	98 Cf	99 Es	100 Fm	101 Md	102 No	103 Lr	104 Rf	105 Db	106 Sg	107 Bh	108 Hs	109 Mt	110 Ds	111 Rg	112 Cn	113 Nh	114 Fl	115 Mc	116 Lv	117 Ts	118 Og
144 Uqq	145 Uqp	146 Uqn	147 Uqs	148 Uqo	149 Uqe	150 Upn	151 Upu	152 Upb	153 Upt	154 Upq	155 Upp	156 Upn	157 Ups	158 Upo	159 Upe	160 Uhn	161 Uhu	162 Uhb	163 Uht	164 Uhq	165 Uhp	166 Uhh	167 Uhs	168 Uho
194 Ueq	195 Uep	196 Uen	197 Ues	198 Ueo	199 Uee	200 Bnn	201 Bnu	202 Bnb	203 Bnt	204 Bnq	205 Bnp	206 Bnn	207 Bns	208 Bno	209 Bne	210 Bun	211 Buu	212 Bub	213 But	214 Buq	215 Bup	216 Buh	217 Bus	218 Buo

建構原子核模型

毛球原子核模型

原子核是什麼呢？

如同在第10頁中所介紹的，元素是原子的類別。原子核由質子和中子所組成，而原子的種類則由原子核內的質子數決定，這個數值即為原子序。比方說，最輕的原子是原子序1的氫，有1個質子，而原子序26的鐵則有26個質子。

另一方面，即使是同一種元素的原子，也可能會有不同的中子數，這些質子數相同、中子數不同的原子就是這個元素的同位素。以原子序20的鈣來說，自然界中約有97%的鈣原子，其原子核內質子與中子各有20個。不過除此之外，自然界亦存在極少數中子數為22、23、24個的鈣原子。這些鈣同位素的基本性質與中子數為20的鈣原子幾乎相同，但質量略有差別。

這種原子核不同的原子，也稱為「核種」不同的原子，在自然界中約存在300種核種。另外，人工製造的核種約有3000種，理論上可以製造出來的核種則有6000種左右。若要表示出原子的核種，會在元素名後面標註該原子的質量數以做出區別，如「鈣40（寫成符號的話就是^{40}Ca）」、「鈣42（^{42}Ca）」、「鈣43（^{43}Ca）」及「鈣44（^{44}Ca）」。

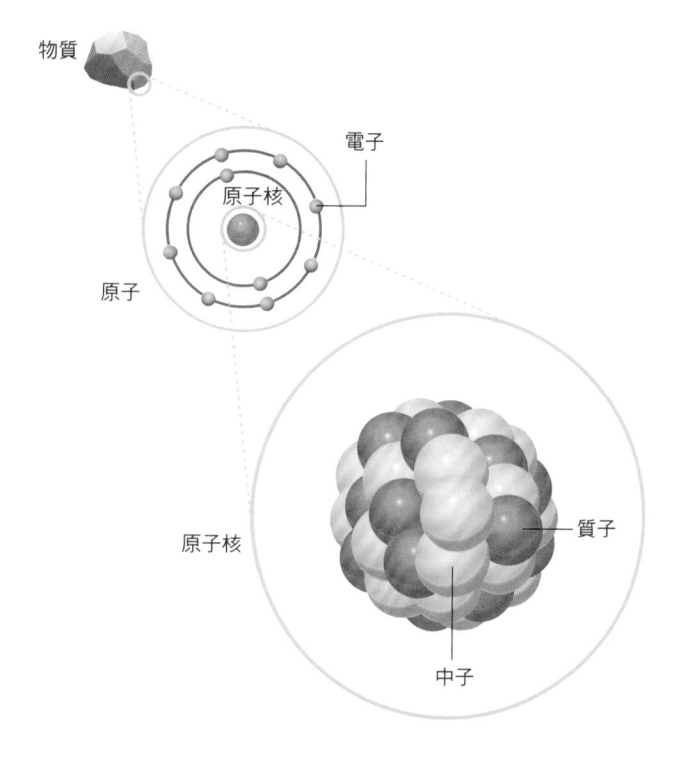

物質

電子

原子核

原子

原子核

質子

中子

用周遭的材料製作原子核模型

讓我們試著用周遭的材料來製作簡單的模型，藉此思考原子核的差異吧。

製作原子核模型時，可以使用手工藝用的毛球來表示原子核內的質子與中子。實際上，質子與中子並不像一顆顆小球一樣有明確輪廓，不過為了製作出模型，這裡就先把質子與中子視為球體。

另外，現實中的某些中子會像雲一般，將整個原子核包起來，不過本模型會用相同大小的毛球來代表質子與中子。

製作這個模型時需準備2種顏色的毛球，用來區別質子與中子。一般的化學插圖中，通常會用紅色代表質子、灰色代表中子，當然質子和中子本身並沒有顏色，所以製作模型時用什麼顏色都可以。這裡準備的是紅色和白色的毛球。

用具與材料

▶ 毛球（或者棉球，可在手工藝店找到）：2種顏色各10個
▶ 熱熔膠　或者是手工藝用的釣魚線（用來綑綁珠子的線）
▶ 若要描繪出電子軌域，還可再準備模造紙、麥克筆等

毛球　　　　　　　　　　　　熱熔膠（將接著劑加熱熔化後可用於黏著物品）

製作各式各樣的原子核

　　首先得決定要做哪種核種。舉例來說，氫原子核只有1個質子，不過氫同位素的氘（氫2）卻有1個質子和1個中子、氚（氫3）則有1個質子和2個中子。氦4有2個質子和2個中子，鉀40則有18個質子和22個中子。

　　確定要製作哪種核種之後，再依照需要的質子與中子數量準備毛球。

製作方式

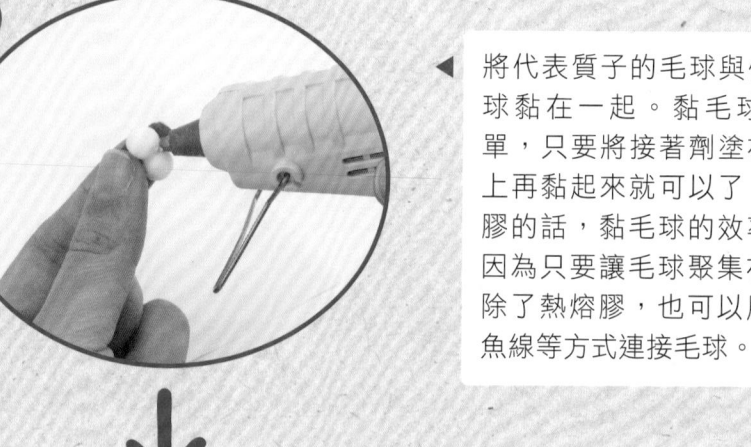

1

將代表質子的毛球與代表中子的毛球黏在一起。黏毛球的方式很簡單，只要將接著劑塗在毛球的一點上再黏起來就可以了，如果有熱熔膠的話，黏毛球的效率就更高了。因為只要讓毛球聚集在一起，所以除了熱熔膠，也可以用雙面膠、釣魚線等方式連接毛球。

2

將1個質子與1個中子黏在一起就成了氘的原子核；將2個質子與2個中子黏在一起就成了氦4的原子核。如果要製作更重的元素的原子核，可以用氦4為基本單位組合起來。

3

將欲製作之核種的質子和中子毛球都黏合起來，原子核便完成了。若能將質子與中子均勻混合（不要讓質子或中子聚集在同一個地方）的話，看起來會特別漂亮。另外，請盡可能讓整個原子核呈現圓球狀。

然而使用這種製作方式時，就連模型內部看不見的地方也需要填充毛球。雖然這樣可以方便我們想像原子核的狀況，不過在製作位於週期表下方、較重元素的原子核時，也可以採用在中央放置圓形球體，再將毛球黏在球體表面的方式。

氫的原子核

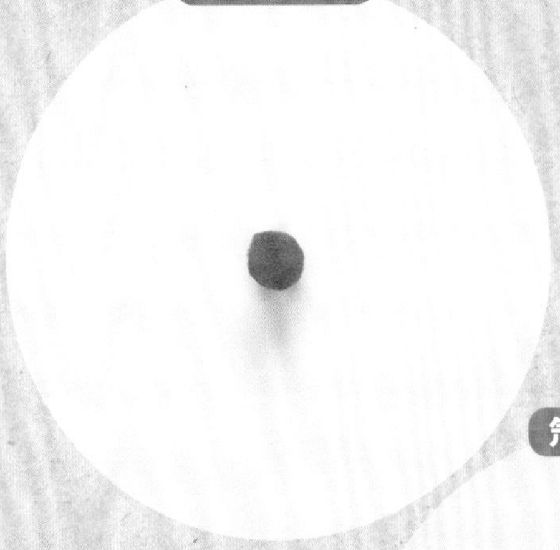

氘的原子核

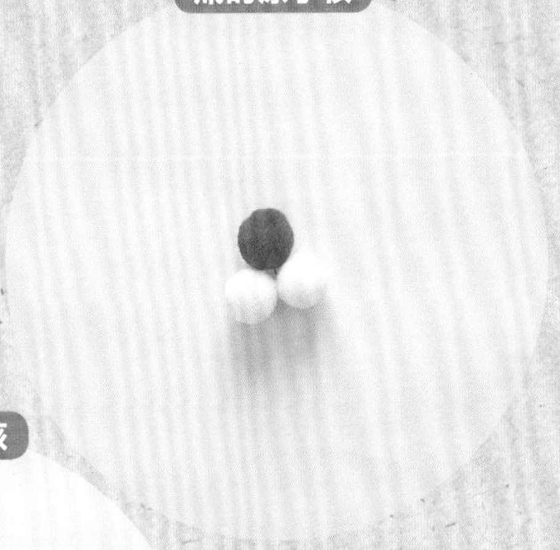

氚的原子核

從左上的照片看起，分別是氕（氫1）、氘（氫2）、氚（氫3）的原子核。當然這只是模型，與原子核的實際模樣並不相同。

氦 4 的原子核

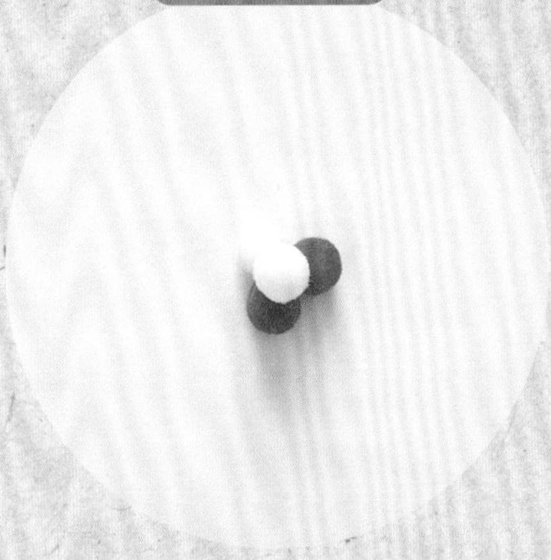

氬 40 的原子核

左邊的照片是由2個氘原子核所組成的氦4原子核。右邊則是由9個氦4原子核，再加上4個中子所組成的氬40原子核。

建構原子核模型

製作方式

4 試著將做好的原子核依照週期表的順序排列吧。以下我們試著列出在原子序18的氬之前的所有元素的原子核。由照片可以看出原子序愈大，原子核內的質子與中子就愈多，看起來也愈複雜。

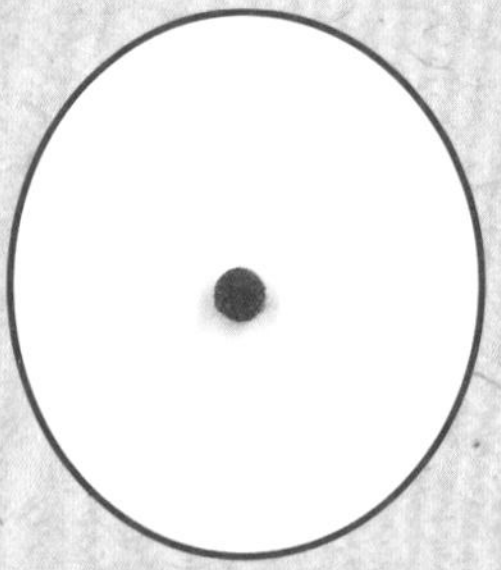

1 氫（H）

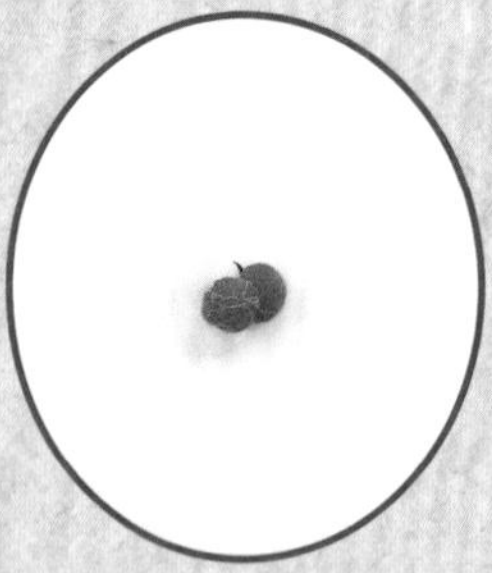

3 鋰（Li）

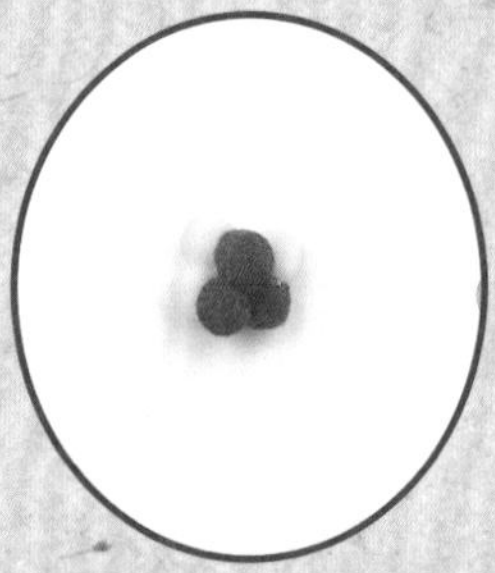

4 鈹（Be）

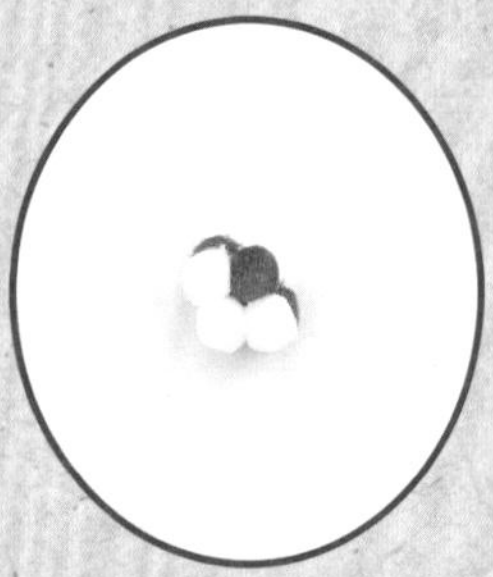

5 硼（B）

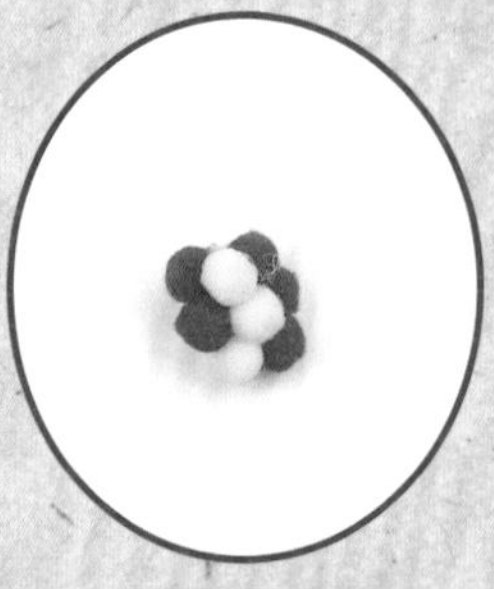

6 碳（C）

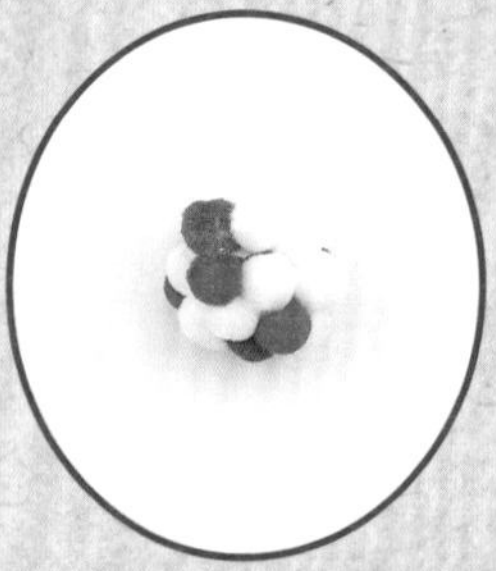

11 鈉（Na）

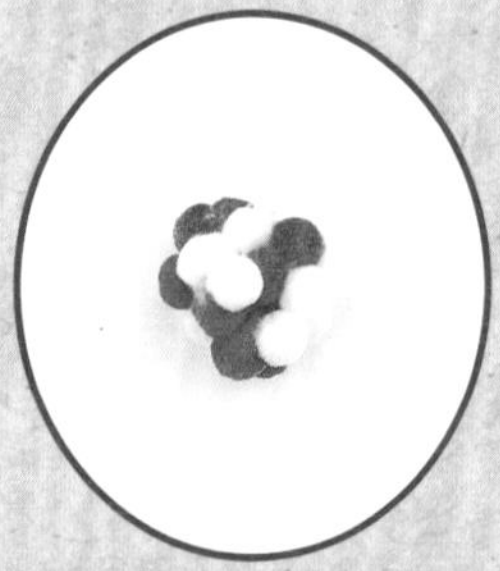

12 鎂（Mg）

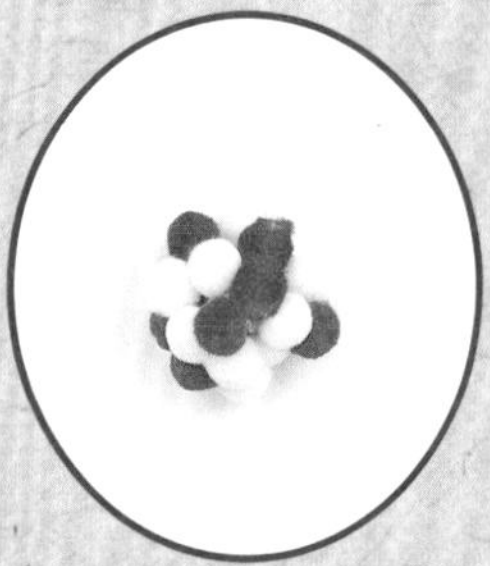

13 鋁（Al）

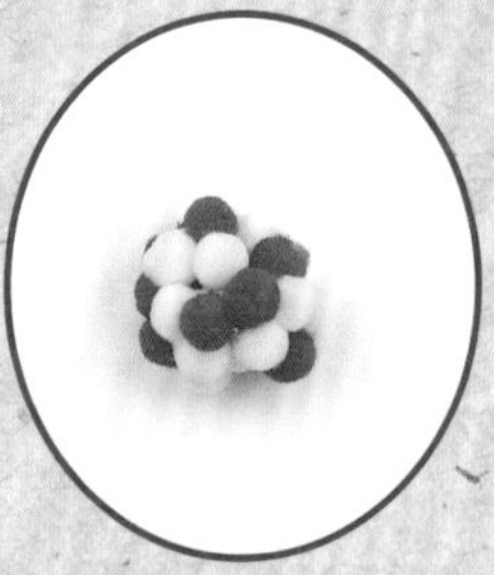

14 矽（Si）

一邊製作模型一邊學習原子核的結構

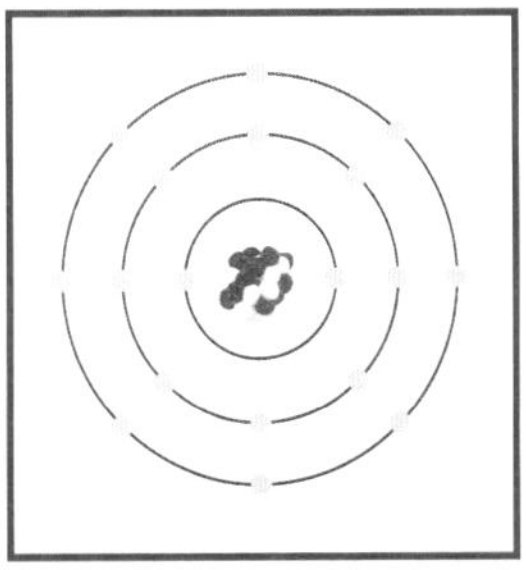

製作原子核模型之前，需先了解各個元素的原子核內有多少個質子與中子。以原子序18的氬為例，氬有18個質子，附錄的週期表中卻顯示其質量數為39.95。事實上，自然界最多的氬同位素是氬40，而氬40的原子核內應有40－18＝22個中子。也就是說，氬40原子核應由18個質子（紅球）與22個中子（白球）組成。依照這種方式製作原子核模型，應該會讓人較容易想像各種元素原子核的模樣。另外，也可以像照片般，在紙上描繪出電子殼層，然後放上做好的原子核模型，成為整個原子的示意模型。

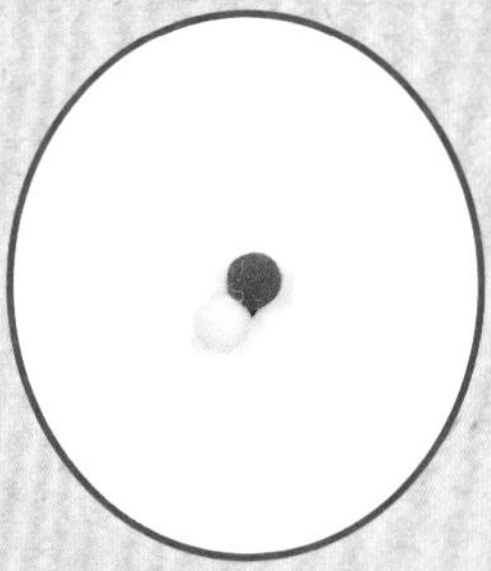

2 氦（He）

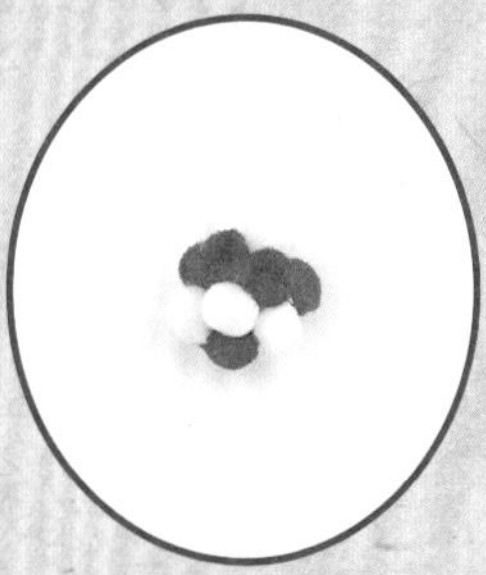

7 氮（N）

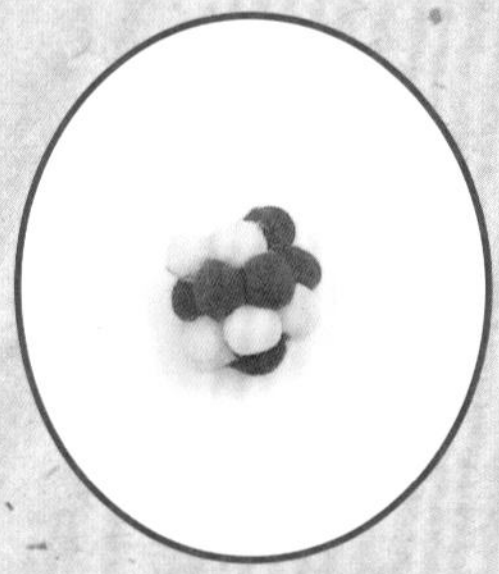

8 氧（O）

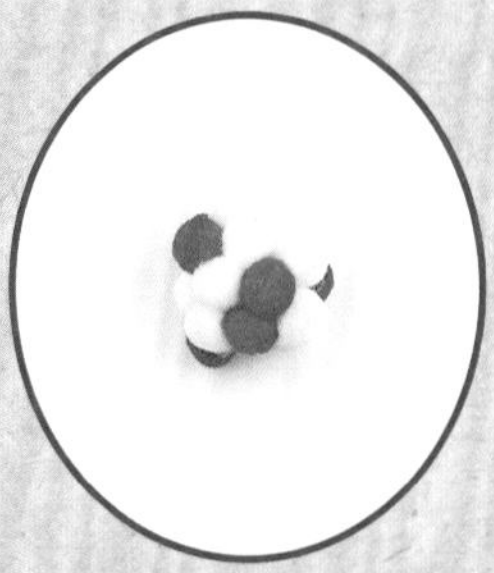

9 氟（F）

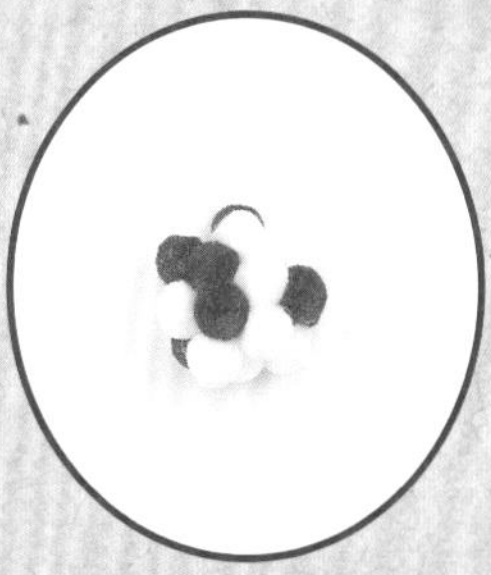

10 氖（Ne）

15 磷（P）

16 硫（S）

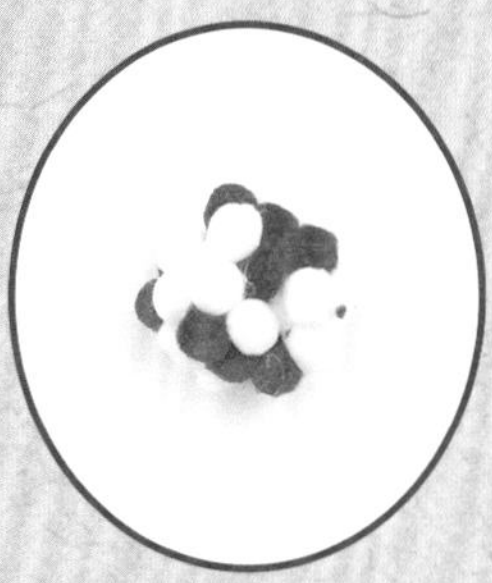

17 氯（Cl）

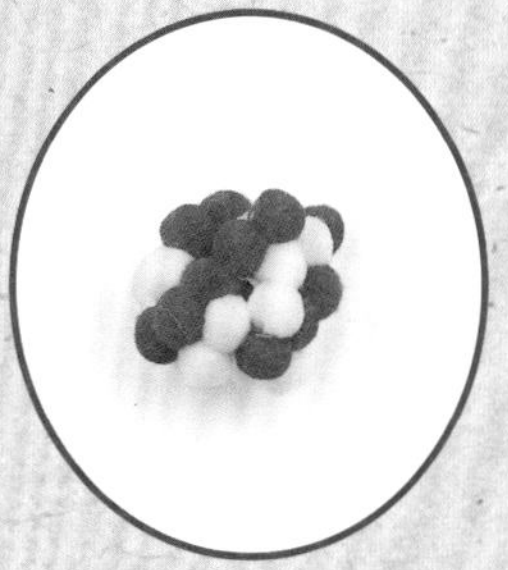

18 氬（Ar）

建構原子核模型

考慮整個原子的樣貌

　　像這樣，試著製作出原子核模型後，會發現原子序大的元素，其原子核也相當大。不過，實際上的原子核大小並不會差那麼多。現實中的原子核大小（直徑），約與質量數的1/3次方成正比。舉例來說，金197的質子與中子加起來共有197個，質量數是氫1的197倍，但原子核的大小卻不到氫的6倍。考慮到原子核是非常小的東西，我們幾乎可以忽略它們的差異，說這兩種原子核的大小

「幾乎相同」。也就是說，較重元素的質子與中子都聚集在非常狹小的空間內。

　　質子帶有正電荷，故彼此間會互相排斥，但原子核內有一種很特別的力（強交互作用），可以將質子與中子綁在原子核內。但如果是非常重、有很多質子和中子的原子核的話，質子間的排斥力也會比較強，故重原子核會比較不穩定。

鉨原子核與電子殼層的示意模型

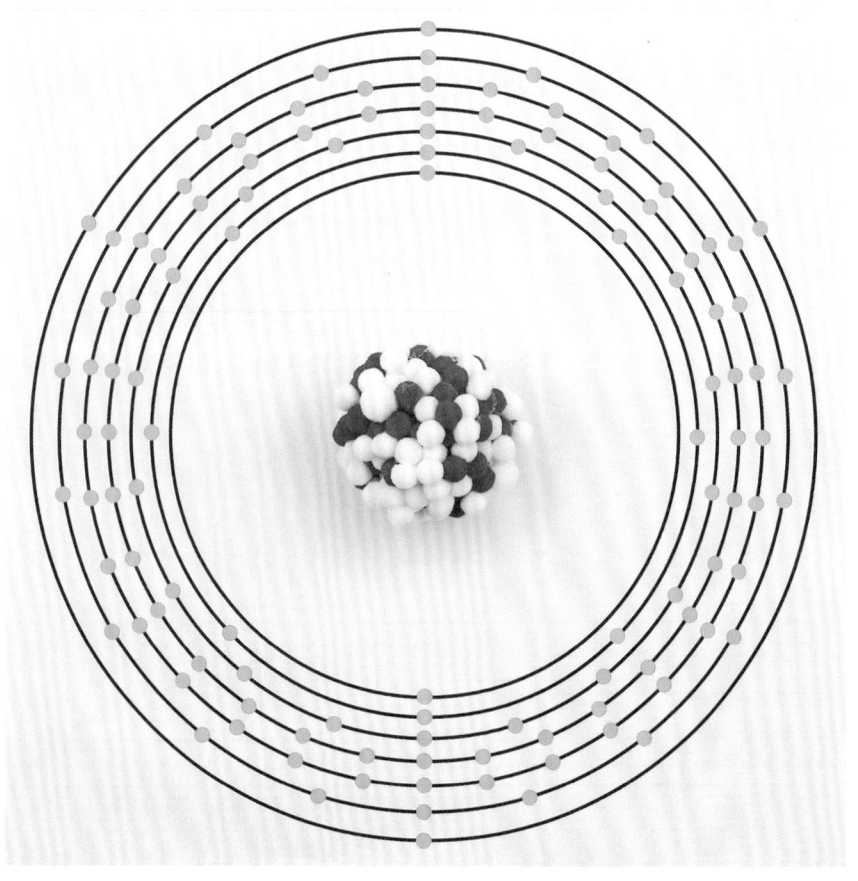

將由113個質子（紅球）與165個中子（白球）所組成的鉨原子核（質量數278）模型，置於繪有電子殼層與電子的紙上（從第74頁起，有較詳細的介紹）。雖然原子核實際上比整個原子還要小很多，但藉由示意圖仍可想像整個原子的模樣。

第 3 章
元素與人類的腳步

自宇宙誕生起，各種元素陸續生成，
構成了這個我們所生活的世界。
本章將帶你一窺
伴隨著元素的人類歷史。

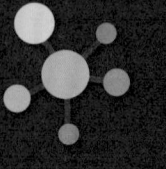

宇宙與元素的起源

● 大霹靂

$10^{32}℃$

暴漲時期結束後，充滿整個宇宙的能量產生變化，一口氣放出大量的熱與光，就像是大爆炸一樣。

● 暴漲時期

剛誕生的宇宙比原子還要小很多，但在暴漲時期迅速膨脹到3 mm左右的大小。

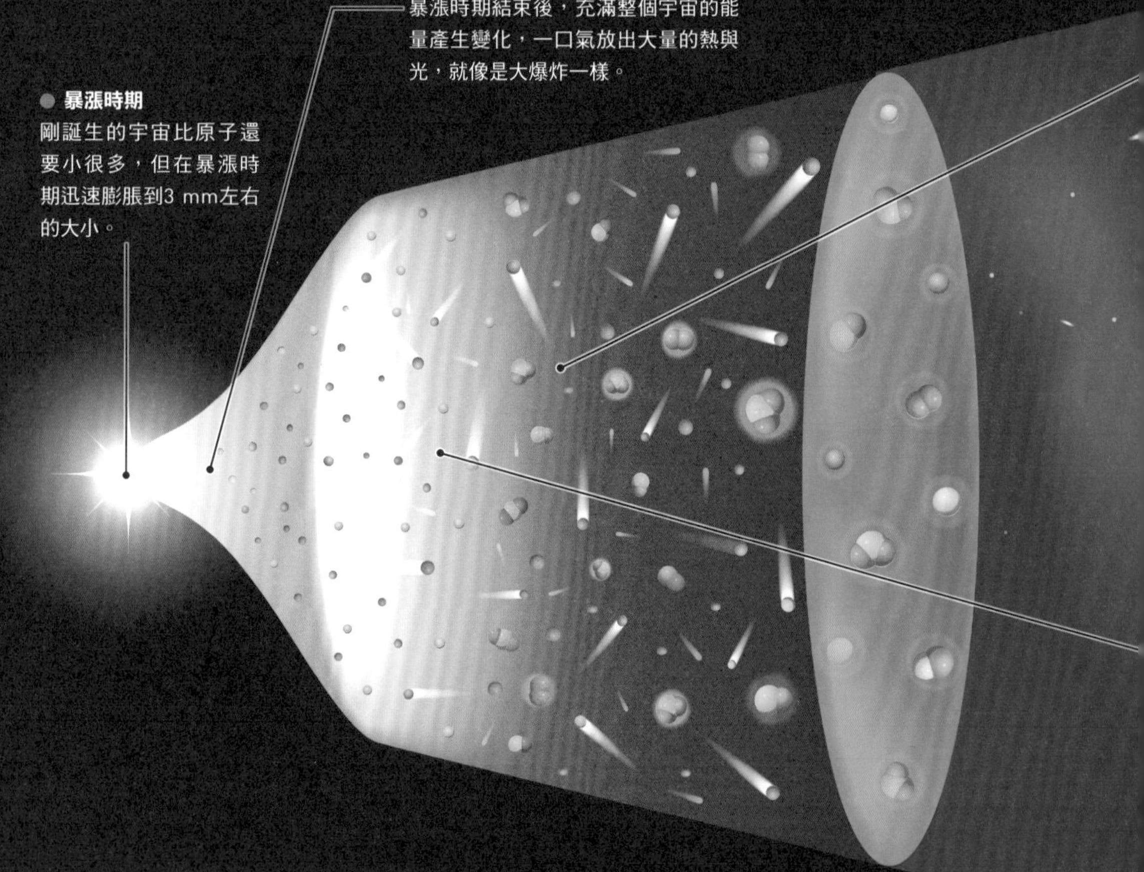

從虛無中誕生的宇宙

　　一般認為，我們生存的宇宙是在距今約138億年前誕生。剛誕生的宇宙沒有任何物質，而是充滿了能量。宇宙誕生後，空間隨即急速膨脹，進入所謂的暴漲時期。

　　暴漲時期結束後，充滿整個宇宙的能量突然出現很大的變化。宇宙產生了大量的熱與光，使整個宇宙進入火球般的狀態，這個現象又被稱為大霹靂。

　　大霹靂使宇宙的溫度一口氣飆到1兆℃的1兆倍再乘上1億倍，是個讓人難以想像的高溫。同時，大霹靂的衝擊使宇宙持續膨脹，空間愈來愈廣大。不過，與暴漲時期相比，這時的膨脹和緩許多。隨著宇宙不斷地膨脹，溫度也持續下降，使構成物質的基本粒子得以形成。

　　基本粒子指的是無法再被分割的粒子，像電子就是基本粒子的一種。構成目前宇宙中物質的基本粒子，都是在大霹靂之後形成的。

● **3分鐘後**
10億℃
質子與中子開始彼此結合,形成
氫及氦之類的原子核等。

● **大霹靂的1萬分之1秒後**
1兆℃
在大霹靂之後所產生的基本粒子開始
彼此組合,形成質子(氫原子核)及
中子等粒子。

3分鐘後形成原子核

　　而在大霹靂的1萬分之1秒之後,宇宙溫度冷卻到了1兆℃左右。這使得某些基本粒子開始彼此結合,形成質子與中子等粒子。再經過一段時間,大霹靂的3分鐘之後,質子與中子開始彼此結合,形成原子核。這時宇宙的溫度已降到10億℃左右了。

　　不過,此時所產生的原子核都是較輕的原子核,其中氫原子核佔了約92%,氦原子核佔了約8%,這2種原子核就佔了近100%。此外也有生成鋰原子核,但數量十分稀少。

　　雖然前面說宇宙正逐漸冷卻,但溫度仍然相當高,原子核與電子不會被綁在一起,而是在宇宙中到處飛舞。直到大霹靂的約38萬年之後,狀況才出現變化。這時的宇宙溫度降到約3000℃,在這樣的條件下,原子核與電子才開始被電磁力綁在一起,形成原子。之後,在重力的作用下,使某些區域變成了原子聚集處,其他區域則是一片空曠。

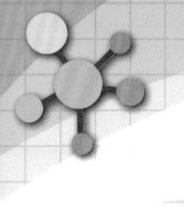

重元素如何生成？

原子的重量產生了星光

在大霹靂的38萬年後，宇宙中終於誕生了原子。這時候出現的原子幾乎都是氫和氦。大霹靂時所產生的原子核幾乎都是這2種元素的原子核。那麼，這2種元素以外的元素又是如何產生的呢？解開這個謎的關鍵，就在於夜空中閃閃發光的星星。

夜空中有許多星星，這些星星都是恆星。恆星指的是像太陽一樣，可以自己發出光芒的天體。順帶一提，像地球這種在恆星周圍公轉的天體，叫做行星。

那麼，恆星又為什麼會發光呢？恆星的成分中，氫原子和氦原子幾乎佔了全部。這2種原子在宇宙中分別是第一輕和第二輕的原子。然而，即使它們是很輕的元素，聚集了龐大的數量時，重量也很可觀，能形成很大的重力。恆星就是由聚集在同一處的大量氫原子與氦原子所形成。在宇宙空間中，如果一個地方的物質數量比其他地方多，這個地方的重力就會比較大。重力愈大的地方，又會從周圍吸引更多物質，於是就會成為大量氫原子與氦原子聚集之處。

其中心部分的原子密度會變得相當大，溫度與壓力也會持續上升。當中心部分的溫度與壓力大到某個程度時，便會產生核融合反應。核融合反應開始之後，這個由原子聚集而成的物質便會發光，成為恆星。

恆星內的核融合反應

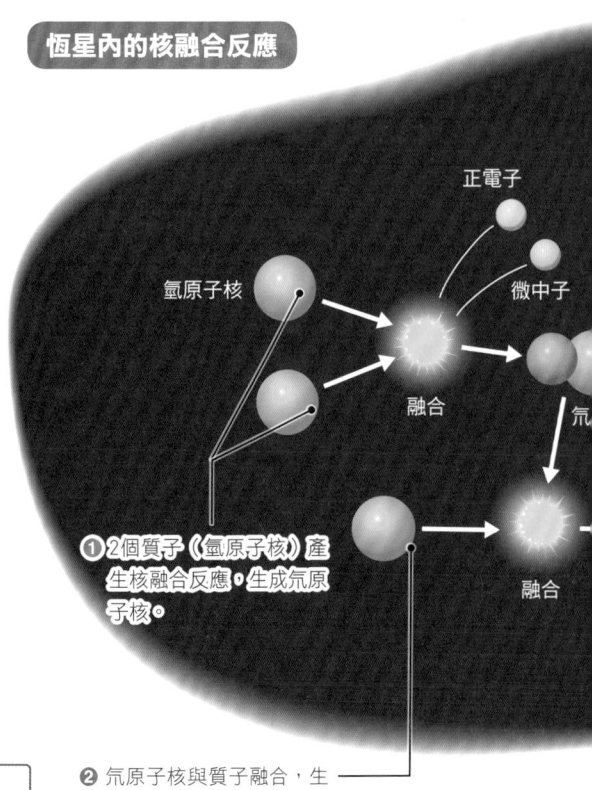

正電子

氫原子核

微中子

融合

①2個質子（氫原子核）產生核融合反應，生成氕原子核。

融合

氫原子核　　　中子

❷ 氕原子核與質子融合，生成有2個質子與1個中子的氦3原子核。

恆星內部的核融合階段

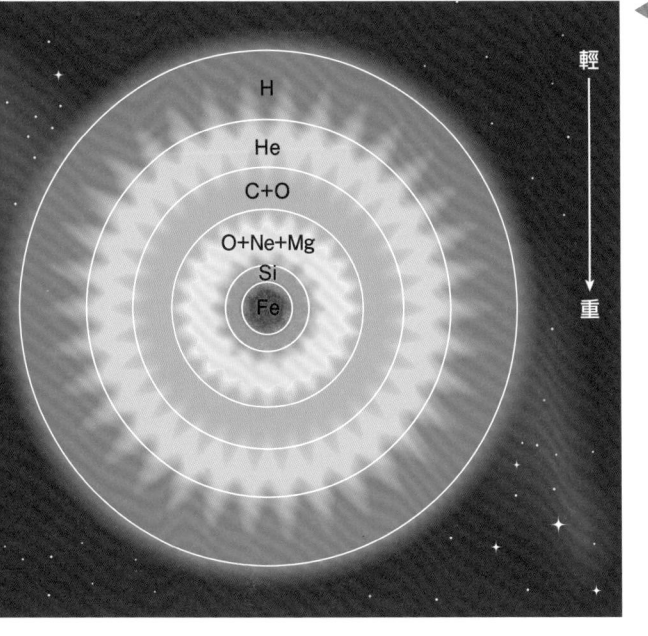

▶ 恆星的中心部分會產生核融合反應，故能自行發光。剛誕生的恆星幾乎皆由氫原子核組成，在核融合反應的進行過程中，中心部分的氦原子核會逐漸增加。質量小於8倍太陽的恆星，在中心部分的氫原子核用完之後，核融合反應便會終止；若是質量大於8倍太陽的恆星，此時會開始進行氦原子核的核融合，形成碳和氧的原子核。在氦原子核用完之後，會開始將碳和氧的原子核融合成氖和鎂的原子核。於是，恆星的中心部分合成出的原子核會愈來愈重。接著是矽，然後依序是鎳、鈷、鐵。鐵是宇宙中最穩定的原子核，故當恆星中心變成鐵的時候，便沒辦法繼續進行核融合反應，只能靜靜等待死亡。

❹ 這個反應的過程中會放出2個質子，因此淨反應是由4個質子（氫原子核）產生1個氦4原子核。

❸ 2個氦3原子核產生核融合反應，生成有2個質子與2個中子的氦4原子核。

核融合反應

氦3

氦4

恆星是原子核的製造工廠

　　恆星的中心部分會一直進行核融合反應。一開始的反應是將4個氫原子核融合成1個氦原子核。質量較小的恆星在中心部分的氫原子核用完後，核融合反應便會停止，成為「白矮星」[*1]。

　　然而，如果恆星的質量是太陽的8倍以上，那麼在氫原子核用完後，便會開始以氦原子核做為核融合的原料，合成出碳原子核與氧原子核；氦原子核用完後，則開始以碳原子核與氧原子核為原料，合成出氖原子核和鎂原子核，依此類推，合成出的原子核會愈來愈重。恆星的核心部分就是原子核的製造工廠，而最終的產物就是鐵原子核。

充滿謎團的重元素生成機制

❶ 使恆星膨脹的力量

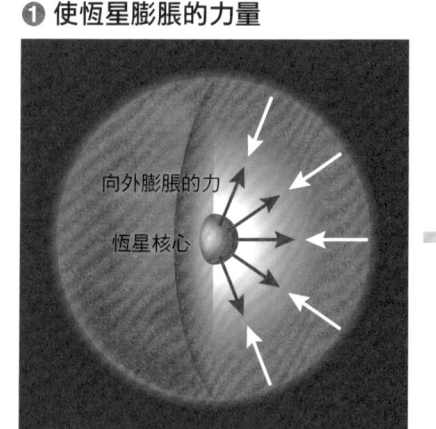

向外膨脹的力

恆星核心

核心部分的核融合反應會往外產生膨脹的力量。這股力量會與重力達成平衡,使恆星維持一定大小。

❷ 核融合反應停止

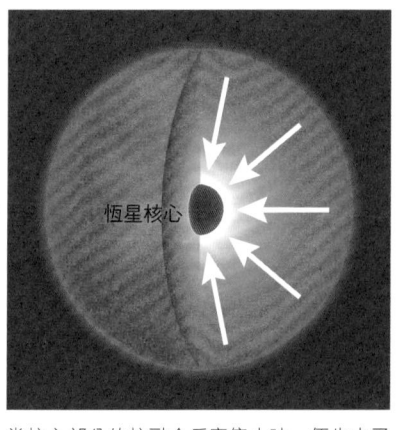

恆星核心

當核心部分的核融合反應停止時,便失去了向外膨脹的力量,使核心一口氣被壓縮。

❸ 恆星核心塌陷

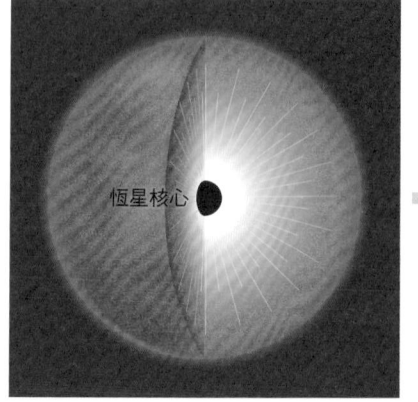

恆星核心

核心部分無法支撐住恆星本身質量的重力,進而塌陷。

❹ 超新星爆發

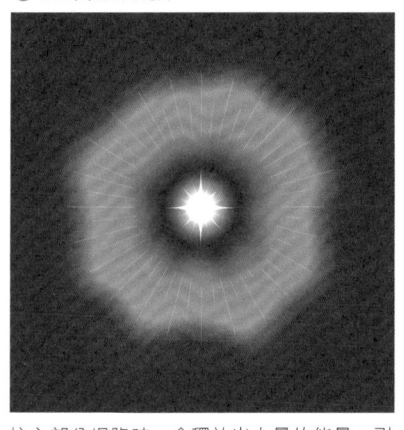

核心部分塌陷時,會釋放出大量的能量,引起超新星爆發。

大質量恆星之死

第61頁提到，恆星核心部分可以合成到鐵為止的元素，但週期表上有一大堆比鐵還要重的元素。那麼，這些元素又是如何產生的呢？

其實，至今我們仍不確定這些元素如何誕生。質量是太陽的8倍以上的恆星，在核心部分合成出鐵時，核融合反應便會停止。於是，恆星會開始無法支撐自己的重量。事實上，恆星進行核融合反應時，產生大量的熱與光會向核心外產生一股推力，這股推力會與朝向核心的重力達到平衡，使恆星維持其外型。

當核融合反應停止時，向外的推力也會消失，構成恆星的原子便會一口氣往核心部分聚集。

於是，核心部分的溫度與壓力急速上升，出現名為「超新星爆發」的激烈爆發現象。而這個超新星爆發現象便會使大質量恆星踏上死亡之路。

超新星爆發可以產生比鐵還重的元素嗎？

若要產生比鐵還重的元素，需要讓原子核吸收大量中子才行。若原子核吸收大量中子，這些中子會轉變成質子，產生所謂的β衰變現象。

β衰變時因為會同時射出β射線（電子）與微中子，所以命名為β衰變。若在1個原子核內發生多次β衰變，便可產生較重的原子核。

發生超新星爆發時，大部分構成恆星的原子會散逸至宇宙空間，核心部分則會生成相當大的壓力，足以使原子裂解。這時會產生大量中子，因此許多物理學家認為，超新星爆發可以產生比鐵還要重的元素。

然而，近年來這種想法出現了變化。將超新星爆發的過程以理論計算後，得知要透過超新星爆發產生比鐵還重的元素是一件很困難的事。

β 衰變機制

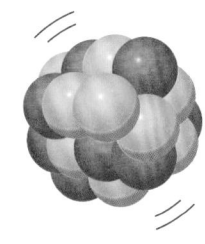

β粒子（電子）

原子核內的中子會在釋放出電子 ▶（β射線）後轉變成質子，這種現象又叫做β衰變。此時，原子核內會多1個質子，使原子序加1。

充滿謎團的重元素生成機制

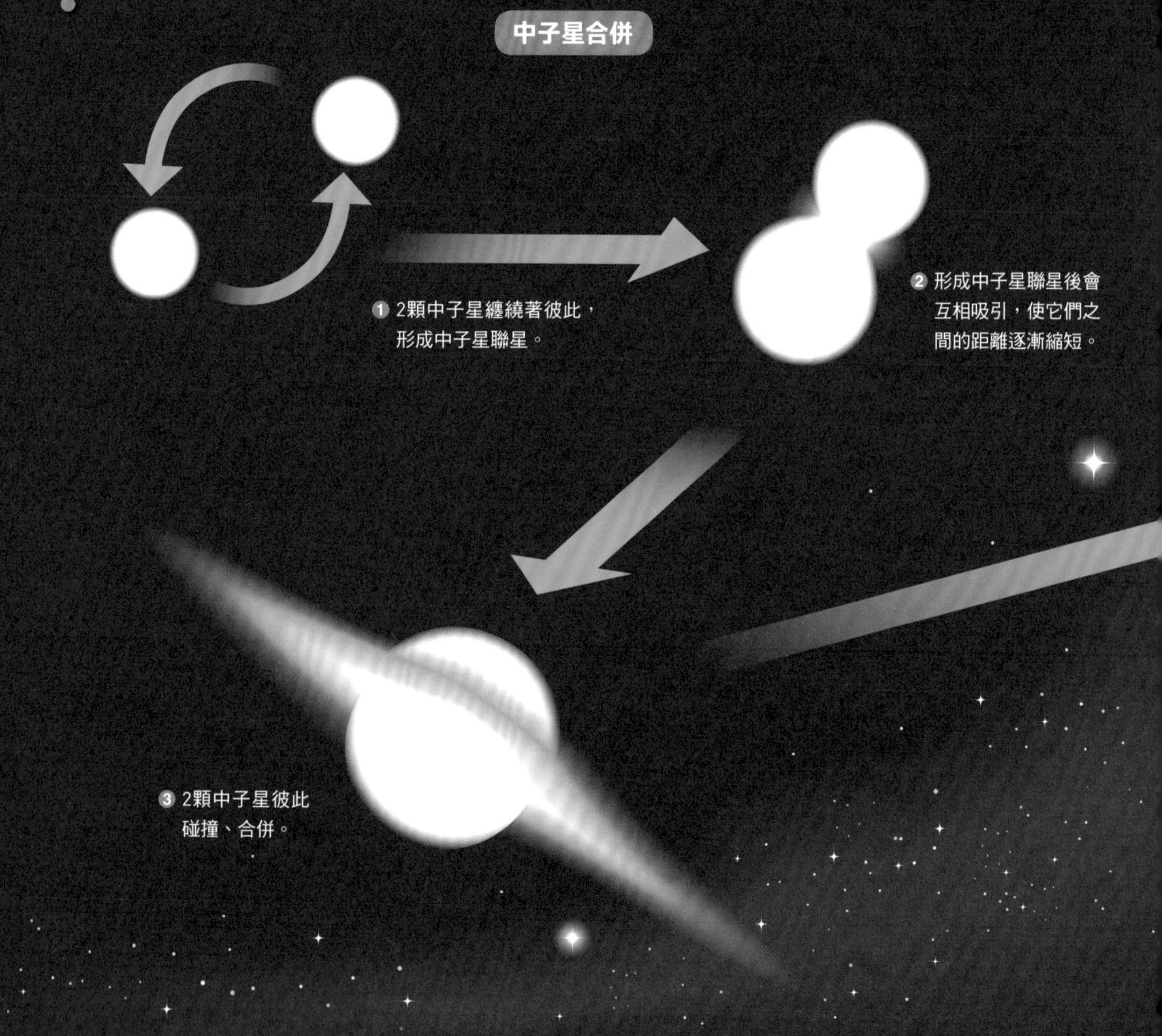

① 2顆中子星纏繞著彼此，形成中子星聯星。

② 形成中子星聯星後會互相吸引，使它們之間的距離逐漸縮短。

③ 2顆中子星彼此碰撞、合併。

中子星合併是一大可能來源

那麼，比鐵還重的元素究竟是如何產生的呢？

目前「中子星合併」這個現象備受大家的矚目。當質量是太陽8～30倍的恆星發生超新星爆發時，便會產生中子星這種天體。恆星是由原子所構成的，而中子星則是每 $1cm^3$ 就有約10億t重的超高密度天體。這種密度下，物質無法以原子的形式存在，故中子星幾乎全由中子組成。

大多數的中子星都是一顆顆單獨存在，但也有些中子星是會兩兩互相纏繞，形成聯星系統。中子星聯星在繞著對方轉動的過程中，兩方會被彼此間的重力影響，因此逐漸拉近與對方的距離，最後發生撞擊，合併在一起。中子星合併時會釋放出大量中子，產生比鐵還要重的元素。

只不過中子星合併現象至今仍有許多未解之謎，也有人懷疑中子星合併

④ 這個衝擊會產生比鐵還重的元素，並將其釋放至宇宙空間。

⑤ 中子星合併之後會形成黑洞。

是否真的能夠產生比鐵還重的元素。但是，近年來陸續有許多觀測與模擬結果顯示，中子星合併時確實能產生出比鐵還要重的元素。

　　特別是由模擬過程所得到的重元素比例，與太陽系內的重元素比例相比之下，可以說相當一致。由這些證據顯示，比鐵還重的元素很有可能就是來自於中子星合併。

　　然而，這個問題尚未完全獲得解答。未來的研究將會試著找出更多證據，我們也能因此得到更為確實的答案吧！

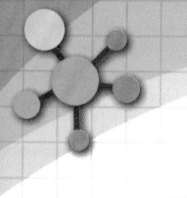

「發現」元素的歷史

連牛頓都相信的鍊金術

我們周圍的所有物質都是由元素組成的。而物質是由元素組成的這個概念，並不是現代才出現的。

古希臘的哲學家恩培多克勒提出了四元素說，認為這個世界是由空氣、水、土、火等4種元素所組成。而古代中國則認為世界上的所有物體皆是以木、火、土、金、水所組成，即所謂的五行思想。

也就是說，不管是西方還是東方，自古以來「物質是由某幾種基礎元素所組成的」這樣的概念便根植於人們心中。然而，不管是四元素說還是五行思想，都沒有實際將物質拿去分析，不是基於科學方法所獲得的知識，再怎麼說也只是哲學上的概念而已。不過，從這些思想我們也可以看出，自古以來人們就會試著思考「這個宇宙中的物質是由什麼東西構成的？」這種問題。

從上古時期到中世紀，人們發現了金、銀、銅、鐵、鉛等金屬元素，並加以利用。金、銀、銅等被稱為貴金屬，常用於貨幣及裝飾品等，做為富有的象徵。特別是金，其獨特的黃金色澤，讓許多人為之癡迷。就是因為這種想要獲得更多黃金的強烈欲望，使人們開始相信鍊金術的存在。

鍊金術指的是用鉛之類的便宜金屬製作出金的技術。這完全是迷信，沒有任何科學根據。然而就連發現萬有引力定律的著名英國科學家——艾薩克・牛頓都沉迷於鍊金術的研究。許多鍊金術的嘗試皆以失敗收場，但過程中卻讓人們獲得許多與物質有關的知識，使現代化學逐漸形成。

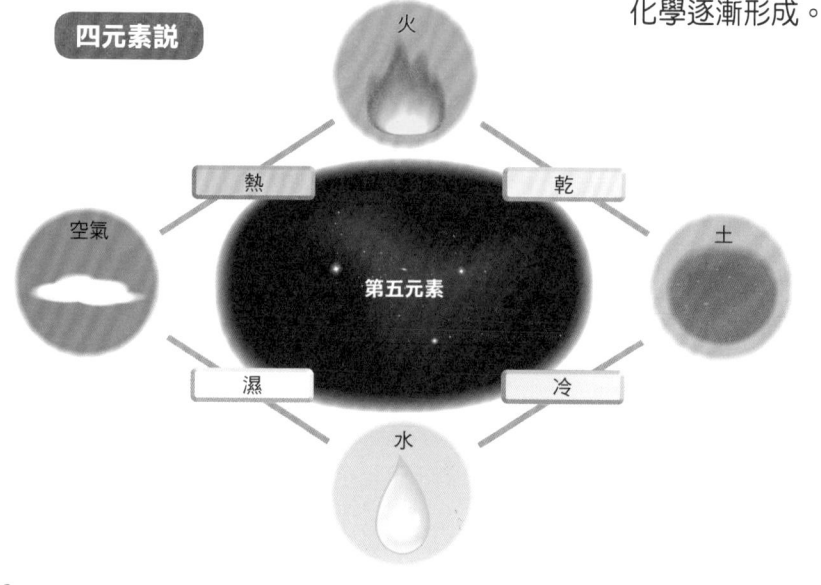

四元素說

火
熱　乾
空氣
第五元素
土
濕　冷
水

◀ 西元前4世紀，亞里斯多德在恩培多克勒的四元素中再加上了熱、冷等感覺上的描述，讓人覺得更為真實。另外，他還將構成月亮等宇宙物質的元素稱為「第五元素」。兩千年來的人們，一直信奉著這套理論。

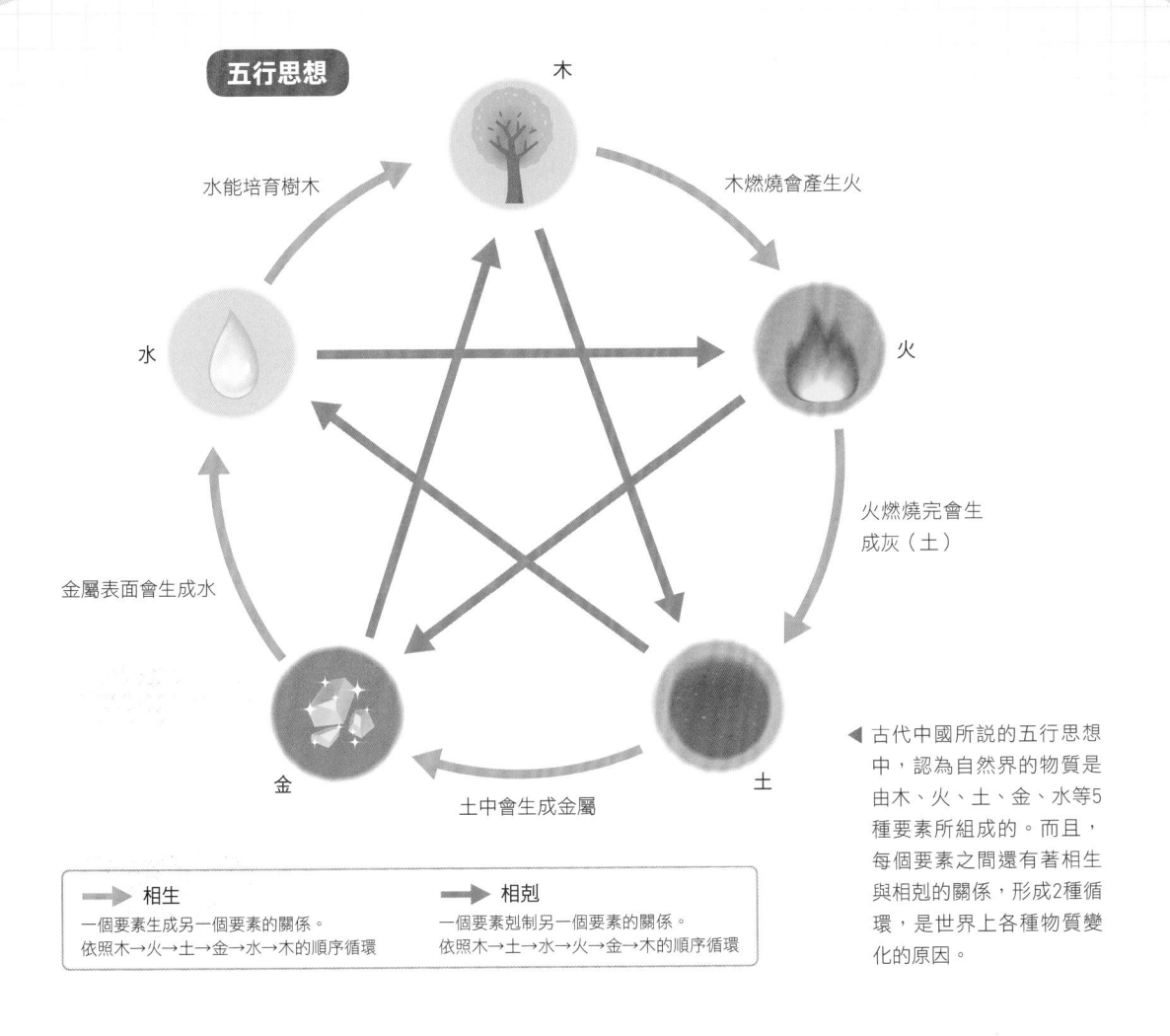

五行思想

木

木燃燒會產生火

水能培育樹木

水

火

火燃燒完會生
成灰（土）

金屬表面會生成水

金

土

土中會生成金屬

◀ 古代中國所説的五行思想
中，認為自然界的物質是
由木、火、土、金、水等5
種要素所組成的。而且，
每個要素之間還有著相生
與相剋的關係，形成2種循
環，是世界上各種物質變
化的原因。

→ **相生**
一個要素生成另一個要素的關係。
依照木→火→土→金→水→木的順序循環

→ **相剋**
一個要素剋制另一個要素的關係。
依照木→土→水→火→金→木的順序循環

建立元素分類法的基礎

自18世紀後半起，化學分析技術日
漸發達，與物質有關的科學研究也逐漸
進步。安東萬‧拉瓦節（第30頁）便是
其中的先驅。

他發現水是由氧和氫所組成，並
製作出以氧和氫為首，包含有氮、硫、
磷、碳等33種元素的表格。不過這張表
中也包括光、熱素、氫氧基、氟離子等
目前不被認為是元素的東西。

進入19世紀後，關於元素的研究仍
持續進行，也逐漸發現了元素之間的規
則。其中，俄羅斯的德米特里‧門得列
夫（第31頁）將元素依照原子量排序，
發現元素的性質有一定的週期，於是在
1869年時發表了元素週期表。週期表的
登場成了元素分類的基礎，使近代化學
與物理學得以進一步發展。

人類如何製造出超鈾、超重元素？

壽命很短的放射性元素

現在的週期表上列有118個元素，這些都是在過去的歷史中發現並確認的元素。不過，原子序小於92、在鈾以前的元素，與原子序在93以後、被稱為「超鈾元素」的元素之間卻有著很大的差別。

雖然有少數例外，不過原子序在鈾以前的元素幾乎都是存在於自然界的元素，人類只是發現這些元素而已。相較之下，超鈾元素則是由人類製造出來的元素。元素是宇宙中物質的組成單位。「人類製造出來的元素」又代表著什麼樣的意義呢？要理解這一點，必須先知道穩定元素與放射性元素分別是什麼。

穩定元素的原子核相對穩定，誕生之後便會半永久地存在於宇宙中。人類在地球上發現的元素幾乎都是在宇宙中誕生，並在沒有被破壞的情況下存續至今。

另一方面，放射性元素的原子核很不穩定，經過一段時間就會產生衰變現象，轉變成其他元素。不過，從誕生到衰變之間的時間，也就是該元素的壽命，則隨著原子核的不同而有所差異。有些元素的壽命不到1秒，有些則長達數十萬年，甚至是數百萬年。

數百萬年對人類來說是很長的一段時間，因此會覺得它們應該屬於穩定元素，但對於有138億年歷史的宇宙而言，仍是個很不穩定的存在。即使宇宙製造出某種壽命為數百萬年的元素，我們也很難有機會看得到這些元素。也就是說，壽命短的元素雖然有機會誕生於這個宇宙，卻很可能在被我們發現之前就衰變消失。

因此，科學家們便開始嘗試製造出一個個可能存在於這個宇宙內的元素。藉由研究這些元素，我們將可進一步了解構成這個宇宙的所有物質。這可以幫助我們了解宇宙自誕生起的歷史，以及未來可能會產生的變化。

用加速器製造超鈾元素

「加速器」就是科學家們用來製造新元素的裝置。之所以會叫做加速器，是因為這個裝置可以用人工方式加速原子核之類的帶電粒子，產生龐大的能量。

世界上的第一台加速器製造於1932年。這台加速器成功加速了質子，並以加速後的質子撞擊鋰原子核，使其轉變成氦原子核。

在加速器誕生後，人類首度得以用

日本製造的 Cockcroft-Walton 型加速器

（照片提供：高能加速器研究機構（KEK））

● **Cockcroft-Walton迴路**
產生高電壓以加速粒子。

● **加速裝置**
接受由Cockcroft-Walton迴路所施加的高電壓，將帶有電子的氫原子，也就是氫負離子加速到光速的4％，然後送至位於牆壁另一側的線性加速器。

素都是1940年時，由美國的迴旋加速器加速中子，使其撞擊鈾238後製造出來的元素。鈾238遭中子撞擊之後會轉變成鈾239，不過鈾239會馬上發生β衰變現象，轉變成錼239。接著，錼239會再發生β衰變，轉變成鈽239。

人工方式改變原子核的種類，使原子核產生「核遷變」。原子核由質子與中子所構成，發生核遷變時，原子核內的質子與中子數量會產生變化，改變原子核的種類。核遷變是製造超鈾元素的重要反應。

超鈾元素中最先被製造出來的是原子序93的錼和原子序94的鈽。這些元

在了解鈽239的性質之後，研究人員發現它可以當做核燃料使用。1940年時，歐洲成為第二次世界大戰的戰場。為了不讓其他人聯想到鈽239可以用來製造核子武器，某段時間一直隱藏它的存在。

人類如何製造出超鈾、超重元素？

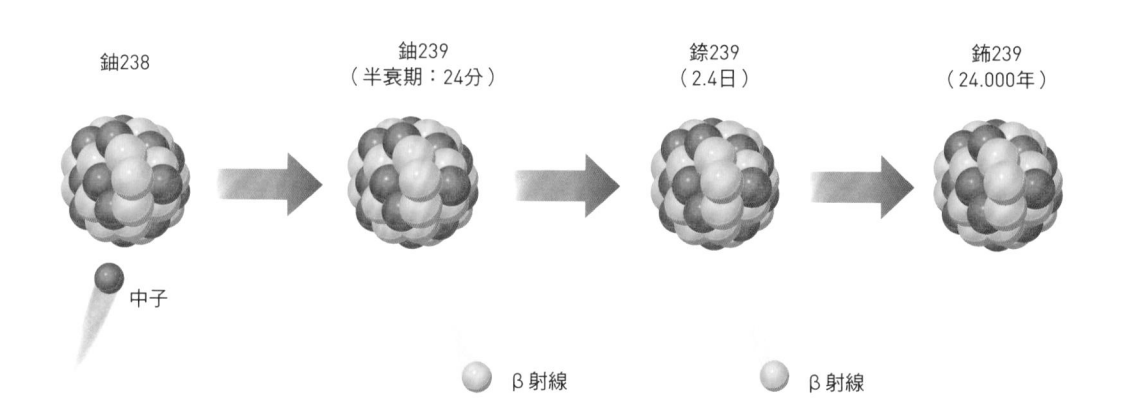

鈾238

鈾239
（半衰期：24分）

錼239
（2.4日）

鈽239
（24.000年）

中子

β射線

β射線

▲

鈾238原子核遭中子撞擊後，會吸收中子，轉變成鈾239。接著會發生2次β衰變，使原子核內減少2個中子，並增加2個質子，成為原子序增加2的鈽239。

國際競爭愈來愈激烈的新元素製造

製造超鈾元素最簡單的方式，就是用質子、中子、氘原子核、氦原子核等粒子，撞擊當時已知最重的元素。這種方法可以製造出原子序比當時已知元素還要大1或2的元素。

事實上，美國的研究機構在第二次世界大戰中以及戰後期間，就用這種方式成功製造出了原子序101的鍆以前的所有元素。

不過，原子序99的鑀和原子序100的鐨，則是在1952年的氫爆實驗中，於灰燼內發現的元素。

然而，由於原子序在102以後的元素壽命極短，故無法用同樣的方法製造出比這更重的元素。於是自1950年代後半起，科學家們便開始研究新的方法，使各國在新元素的製造上，競爭愈來愈激烈。

一般會把原子序90～103的元素稱為超鈾元素，104號以後的元素稱為超重元素。至今，能夠首先製造出超鈾元素或超重元素，並被國際承認的國家，就只有美國、俄羅斯（包括舊蘇聯時代）、德國以及日本等4個國家而已。2015年時，國際上承認日本首先製造出了原子序113的元素，成為第4個成功製造出超鈾元素、超重元素的國家。

協助發現 113 號元素的理化學研究所內的重離子線性加速器「RILAC」

● **RILAC加速槽**
加速槽的大小為長3 m、寬1.8 m、深3.3 m。排列成直線的6台加速槽，可使重離子加速至光速的8%。

● **CSM**
再用6個加速槽將粒子加速至光速的10%。

● **RFQ線性加速器**
將來自離子源的重離子進行最初的加速。

安全＋第一

（照片提供：理化學研究所）

金黃色光芒，自古以來幣與裝飾品。延展性得很薄、拉得很長，也等使用。不容易腐蝕，子齒的治療。

唯一常溫下為液態的金屬（熔點為-39℃）。過去常用在體溫計、氣壓計等儀器上。但因其毒性很高（曾導致公害疾病），近年愈來愈少使用。

柔軟的銀白色金屬，性質與鉛相似。化合物的毒性很強，過去曾被製成捕鼠藥使用。有放射性的鉈可做為心肌的診斷藥劑。

灰色重金屬。用途很廣，包括釣魚時使用的鉛錘、鉛蓄電池的電極等。混入玻璃中可提升玻璃的透明度（鉛玻璃）。放射線不容易穿透鉛，故常被用來當作防護材料。

銀白色的金屬，不過表面以看到彩虹般的顏色。其堅硬難以破壞，可做為氣全閥或火災警報器。毒性做為整腸劑使用。

Rg	112 Cn (285) 鎶	113 Nh (284) 鉨	114 Fl (289) 鈇	115 Mc (288) 鏌

德國的重離子研究中心為紀念近百年前發現X家倫琴（Röntgen），為Roentgenium。

1996年時由德國的團隊合成成功。為紀念發表地動說，使人類世界觀大為改變的哥白尼（Copernicus），將其命名為Copernicium。

2004年，由理研的森田博士首次成功合成，之後順利製造出3個原子。由於是首次由日本（Nihon）發現的元素，故命名為Nihonium。壽命只有1000分之2秒。

1998年時德國首次合成成功。有114個質子，這個數字正好是可以讓原子核特別安定的質子數，故被認為應可製造出充分的量，以研究其性質。

2004年，由美國及俄羅斯的究團隊合成成功。約1萬分就會衰變，轉變成鎶。以首都莫斯科（Moskva）為Moscovium。

Gd	65 Tb	66 Dy 162.5 鏑	67 Ho 164.9 鈥	68 Er 167.3 鉺

特別專欄 ①

鉨就是這樣製造出來的

從原子核的發現到元素的人工合成

在討論鉨的發現之前，先讓我們回顧一下製造新元素的方式吧。

這要從距今100多年前的1897年，J‧J‧湯姆森發現了電子講起。由於電子是從原子飛散出來的，故推測原子內應存在更小的結構。1911年，歐尼斯特‧拉塞福以實驗證實了原子核的存在。

接著拉塞福又在1919年，將質量數為4的氦原子核射線，也就是α射線打向質量數為14的氮原子核，成功製造出質量數為17的氧同位素。這是人類史上首次以人工方式合成出原子核。

這個實驗證明了「當我們以質子或中子等粒子撞擊原子核時，可以合成出更重的原子核」。而在加速器開發正穩步前進的1936年年末，埃米利奧‧塞格雷詳細分析了粒子加速實驗中的產物——鉬（原子序42），並發現產物中有原子序43的鎝（於1947年時命名）。也就是說，當我們透過加速器將重粒子（本實驗使用的是由1個質子與1個中子所組成的粒子）打向鉬時，便能人工製造出未能於自然界中發現的鎝。

▲
歐尼斯特・拉塞福

▲
埃德溫・麥克米倫

為了合成新元素
而使用加速器

　　不管是拉塞福製造出來的氧17，還是埃米利奧・塞格雷所發現的鎝都不是超鈾元素，然而這些研究卻是合成超鈾元素的理論基礎，並成為我們在第70頁中所提到的國際間新元素合成競爭的契機。

　　目前以人工製造超鈾元素、超重元素的方法大致上可以分為2種。

　　一種方法是將原子爐等裝置所產生的放射線打向特定物質，產生更重的元素。原子爐內的鈾238就是在這種機制下轉變成鎝和鈽的。另一種方法則是用粒子加速器將中子或氦原子核（α射線）打向其他元素的原子核，藉此合成出新的元素。

　　粒子加速器有許多種，其中最有名的是歐洲核子研究組織（CERN）底下的世界最大加速器——大型強子對撞機（LHC）（第74頁照片）。不過，這個加速器主要用來進行基本粒子物理學等的研究，與用來合成超鈾元素、超重元素的粒子加速器略有不同。特別是在合成113號元素時，使用的是能直線加速粒子（原子核）的「線性加速器」——重離子線性加速器「RILAC」（第71頁照片）。

　　1940年時，美國的埃德溫・麥克米倫以這種加速器合成出錼（參考第69頁），是世界第一個用這種加速器合成出超鈾元素的人。接著，美國於1941年合成出鈽、1944年合成出鋦、1945年合成出鋦……於是，超鈾元素陸續被合成、發現。特別是美國與俄羅斯（舊蘇維埃聯邦）賭上了國家的威信，展開了合成、發現新元素的競爭。這段期間內，美國的勞倫斯柏克萊國家實驗室與俄羅斯的杜布納聯合原子核研究所陸續合成出各種新元素。

　　接著，各國開始嘗試用加速器加速由更多質子與中子組成的原子核，形成高能量的粒子束，再將此粒子束打向其他重元素，進行撞擊實驗。自1980年代，德國的重離子研究中心（GSI）便

▶ **大型強子對撞機（LHC）**
設置於日內瓦北部的地下100m的隧道內，大型強子對撞機的真空管道。質子與反質子會以接近光速的速度在管道內奔馳。

（Mint Images-Frans Lanting）

以這種方法成功合成出107～112號元素。最近俄羅斯的研究團隊也成功合成出112～116號元素與118號元素等，美國、俄羅斯及德國這3個國家間的競爭仍持續進行著。日本則在2004年時成功合成出了113號元素，向世界宣告日本也將加入這場競爭。

合成原子核很困難

那麼具體來說，「合成元素的原子核」的實驗應該要怎麼進行呢？既然說是「合成」，應該就是將原子核與質子、中子，或者是其他原子核融為一體吧，但實際上卻沒那麼容易操作。

原因之一就是原子核非常小，直徑只有1000億分之1mm。要讓原子核彼此靠近就已經很困難了，更別說讓它們產生碰撞。理化學研究所在進行113號元素鉨的合成時，便是用鉍這種金屬做為標靶，將鋅的原子核束射向鉍原子核。至於鋅原子核能不能撞上鉍原子核，就只能交給機

率決定了，然而這個機率低得不可思議。而且，2個原子核發生碰撞後會融合在一起的機率只有100兆分之1……也就是說，平均每100兆次的碰撞中，只有1次可以得到融合後的原子核，可說是十分罕見的現象。

要讓這種發生機率低得不可思議的事件發生，唯一的方法就是增加鋅原子核數目，用天文數字般的鋅原子核打向鉍原子核。也就是製造出含有大量鋅原子核的粒子束，一個勁地打向鉍。

原子核由質子與中子所組成，其中質子帶有正電荷，故原子核帶有正電荷，若靠近其他原子核或質子的話，便會因為都帶有正電荷而彼此排斥。愈重的元素，其原子核的質子數愈多，正電荷的排斥力也愈大，光是讓它靠近其他原子核也無法使兩者融合。因此我們需要將鋅的粒子束加速到超高速度，使其以非常高的能量撞擊上鉍才行。這就是要用到粒子加速器的原因了。

可以製造出
世界最強粒子束的加速器

接著就來看看要合成出113號元素的鉨具體上應該怎麼做。首先，做為標靶的是原子序83、質量數209的鉍，而撞擊標靶的粒子束則是由原子序30、質量數70的鋅原子核構成。自然界中最豐富的鋅同位素是質量數64的鋅64，不過，合成後的中子數愈多，原子核會愈穩定，故這裡使用中子數較多的鋅70來做實驗。

經過計算，若成功將這2個原子核融合在一起，可以得到30＋83共113個質子的元素（原子序為113），而質量數則會是279。然而，剛融合在一起的原子核（複合核）相當不穩定，得釋放出1個中子才能穩定下來，故會得到質量數為278的鉨原子核。

用來進行113號元素合成實驗的，就是前面提到的理化學研究所Radioactive Isotope Beam Factory的加速器「RILAC」。這個加速器可以將原子核加速到很快的速度（擁有很高的能量），使其能夠撞上同樣帶有正電荷、會互相排斥的原子核。但如果粒子束的速度太快（能量太高）的話，也沒辦法合成出新的原子核。粒子束的能量太高的話，原子核很有可能被撞壞。特別是超重元素的質子數很多，容易發生核分裂，故需要調整粒子束的速度，使其以

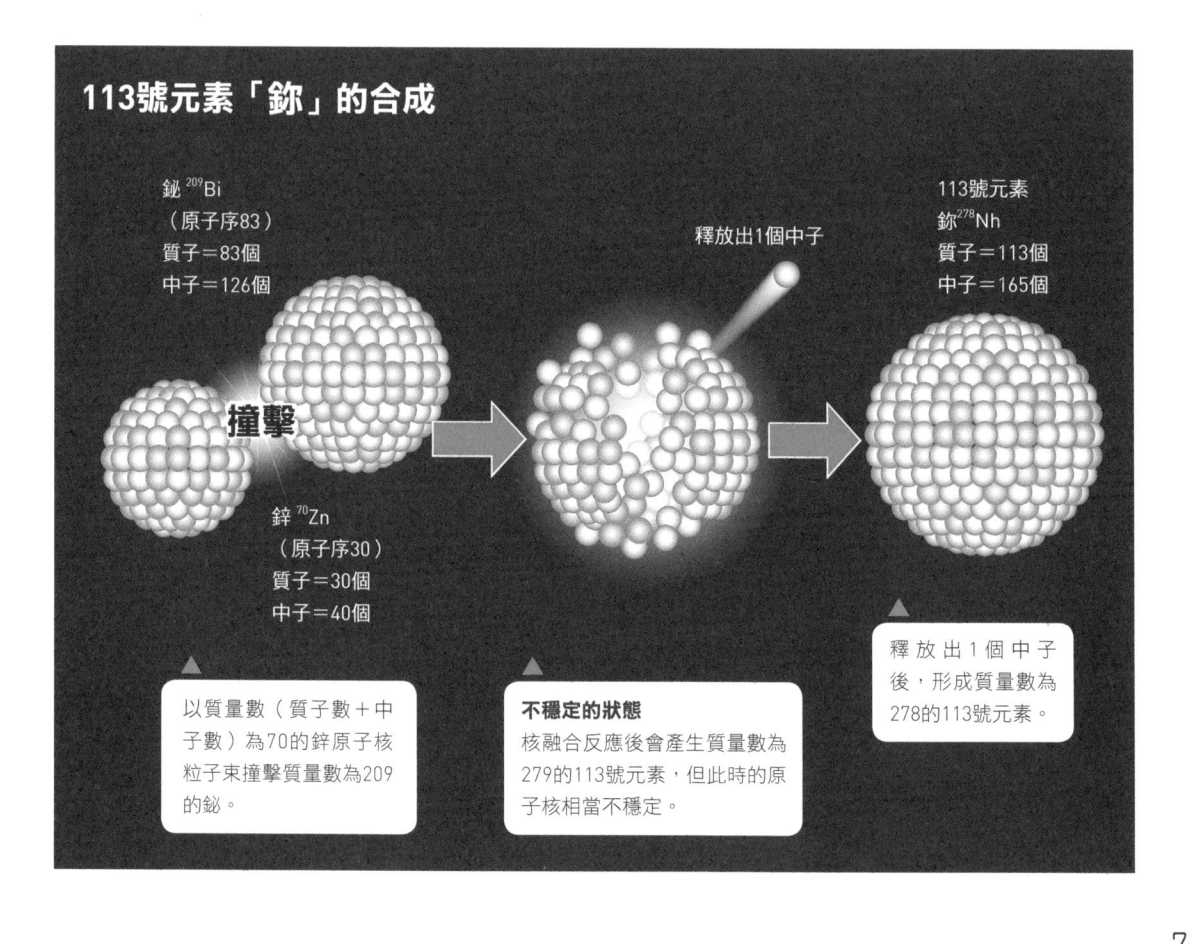

113號元素「鉨」的合成

鉍 ^{209}Bi
（原子序83）
質子＝83個
中子＝126個

鋅 ^{70}Zn
（原子序30）
質子＝30個
中子＝40個

撞擊

釋放出1個中子

113號元素
鉨 ^{278}Nh
質子＝113個
中子＝165個

以質量數（質子數＋中子數）為70的鋅原子核粒子束撞擊質量數為209的鉍。

不穩定的狀態
核融合反應後會產生質量數為279的113號元素，但此時的原子核相當不穩定。

釋放出1個中子後，形成質量數為278的113號元素。

適當的能量撞上標靶原子核才行。在113號元素合成中，需以RILAC將鋅30的原子核加速到約光速的10%。

另一方面，我們前面也有提到原子核融合的機率非常低，因此「可以射出多少」鋅原子核，也就是加速器的性能，才是這個實驗能否成功的關鍵。在加速器的領域中，將「可以射出多少粒子（原子核）」稱為粒子束強度。事實上，RILAC擁有世界上最強的粒子束強度，1秒內可以將2.4兆個鋅原子加速至想要的速度。若想要製造出新元素，就必須準備如此強力的加速器才行。

另外，由於RILAC的粒子束能量非常強，厚度為1萬分之5mm的鉍標靶馬上就會被燒出一個洞。因此實驗時會將鉍分散在圓盤上，並使其以每分鐘3000轉以上的速度轉動，防止粒子束打到標靶的同一個地方。

捕捉113號元素的原子核

融合成功的原子核擁有來自粒子束的能量，故會飛出標靶。若要確認是否有成功合成，需從大量穿過標靶的鋅原子核當中，分離出目標原子核才行。為此，森田浩介博士的團隊特別開發了「氣體充填型反跳分離器（GARIS）」，這個裝置可以用電磁鐵改變通過粒子的路徑，藉此捕捉到目標產物的原子核，並將其導引至檢測器。

撞擊所產生的粒子，其路徑的彎曲程度會隨著質量與電荷的不同而有所差異。113號元素的質量雖然是固定的，但電荷值有很多種可能，故其彎曲的路徑也各有不同。為解決這個問題，會在GARIS裝置內填充氦氣，使113號元素一邊撞擊氦氣分子一邊前進，並在前進過程中補充電子，使其電荷的平均值達到某個特定值，這樣就能夠引導它沿著固定路徑前進至檢測器。

另一方面，檢測器必須要能測出飛過來的原子核是不是有113個質子，但檢測器不可能直接計算質子的數目，因此它測的是合成後的原子核轉變成其他原子核時所釋放出的α射線。2012年8月12日的實驗中，合成出來的113號元素在釋放出中子以後，不到1秒內就陸續衰變成了錀、錀、鈹、鈇、鐒，最後成為101號的鍆。每經過一次衰變，就會釋放出1個α粒子（由2個質子、2個中子構成），回推其原先的原子核質子數，可以知道原先的原子核應有101個＋2個×6次＝113個質子。而且，最後3次所釋放出來的α粒子能量，分別與已知鈹266、鈇262及鐒258釋放出來的α粒子能量相同，故這個數據的可信度相當高。

113號元素「鉨」的合成、發現過程中，先用粒子加速器RILAC提升原本低得不可思議的合成機率，再用分離器GARIS精密地篩選出目標粒子，就像是從沙灘中找出一顆鑽石一樣。經過研究人員們的拚命努力，才達成了日本這項足以向世界誇耀的「科學偉業」。

氣體充填型反跳分離器「GARIS」的原理

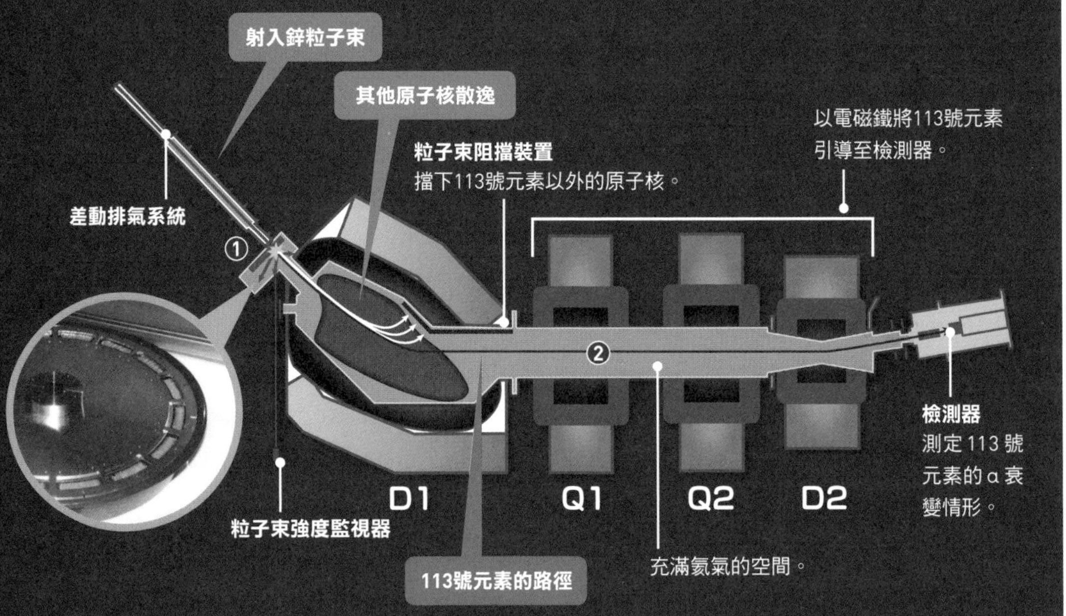

射入鋅粒子束

其他原子核散逸

粒子束阻擋裝置
擋下113號元素以外的原子核。

以電磁鐵將113號元素引導至檢測器。

差動排氣系統

①

②

檢測器
測定 113 號元素的 α 衰變情形。

粒子束強度監視器

D1　　Q1　　Q2　　D2

113號元素的路徑

充滿氦氣的空間。

❶ 從合成原子核的位置到檢測器的距離需相當精準，而做為標靶的鉍則是以鍍膜的型式加工在轉盤上，厚度僅1萬分之5mm。為了使鉍不會被強力粒子束熔毀，需以每分鐘3000轉以上的速度旋轉圓盤。

❷ 從標靶飛出的原子核，其路徑會在磁場的影響下彎曲，且只有目標原子核才會被引導至檢測器。飛行路徑中會通過稀薄的氦氣，為原子核補充電子，使原子核帶有的電荷量平均值達到某個特定值，以固定113號元素的路徑。

α 衰變情形

第1次與第2次的合成中（2004年7月23日與2005年4月2日），觀測到4次連續的α衰變，以及隨後生成卻又分裂成2個粒子的鈇。2012年8月12日成功合成出第3個粒子時，則觀測到共6次的α衰變，並確認最後產物是鍆。（理化學研究所提供）

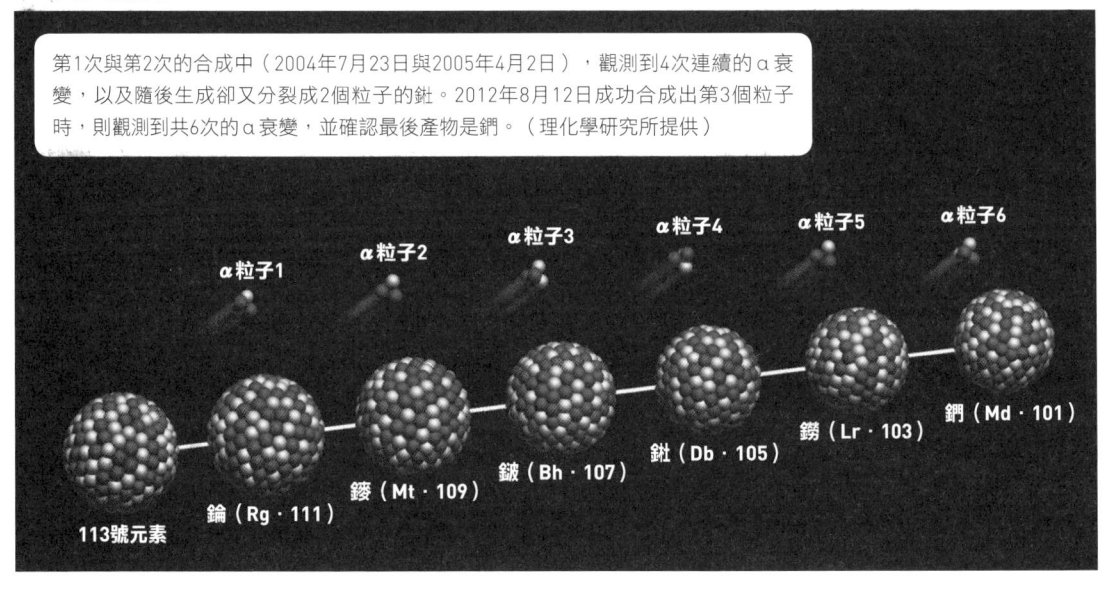

α粒子1　　α粒子2　　α粒子3　　α粒子4　　α粒子5　　α粒子6

113號元素

錀（Rg‧111）

䥑（Mt‧109）

𨠭（Bh‧107）

𨧀（Db‧105）

鐒（Lr‧103）

鍆（Md‧101）

如何為元素命名？

發現者所擁有的命名權

就像每個人都有自己的名字一樣，每個元素也都有各自的名稱。自古以來便為人所知的元素，並沒有留下發現年份與發現者的記錄，故我們並不曉得是誰為這些元素命名的，這些元素的名稱是在經過很長一段歷史之後，逐漸確定下來。

可以確定發現者的最古老之元素是砷，這是由13世紀的德國人艾爾伯圖斯・麥格努斯發現的元素。在這之後，磷、鈷、鎳等元素也陸續被發現，在19世紀結束以前，人類已經發現了80個以上的元素。

基本上，發現者擁有這個元素的命名權。新元素的發現者必須公開可做為證據的科學資料，供其他科學家們檢驗。若公開的資料被認為是正確的，大家就會承認這個人是元素的發現者，並賦予他這個元素的命名權。

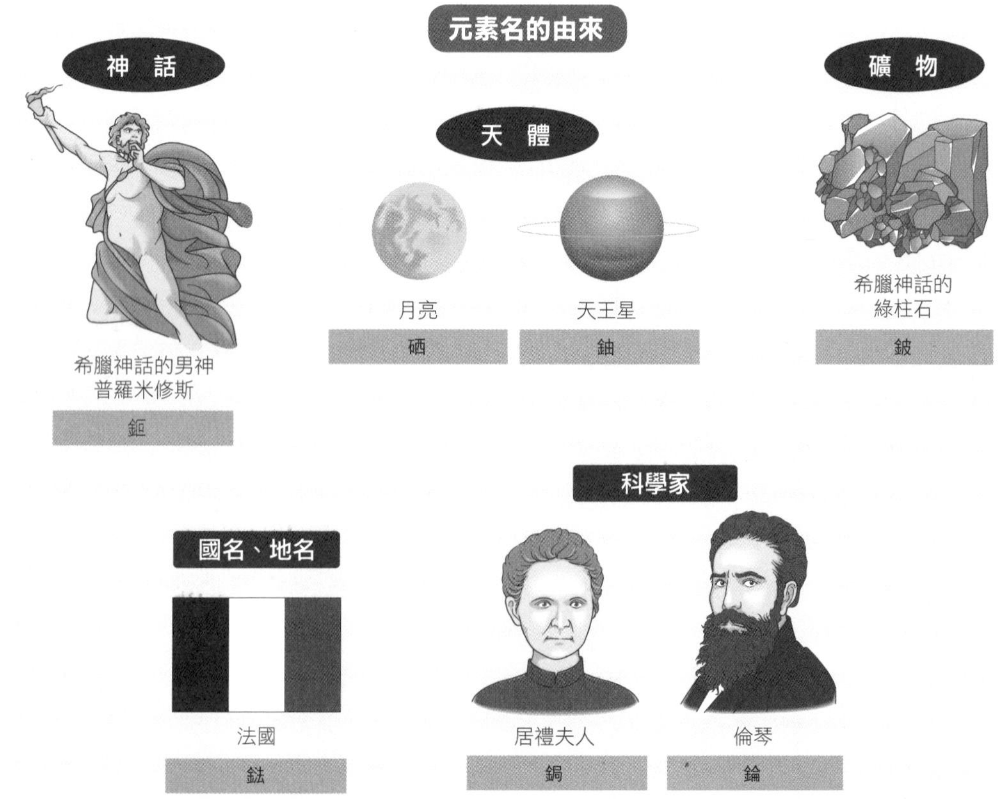

元素名的由來

神　話

希臘神話的男神
普羅米修斯

鉕

天　體

月亮

硒

天王星

鈾

礦　物

希臘神話的
綠柱石

鈹

國名、地名

法國

鎵

科學家

居禮夫人

鋦

倫琴

錀

78

決定元素命名權的流程

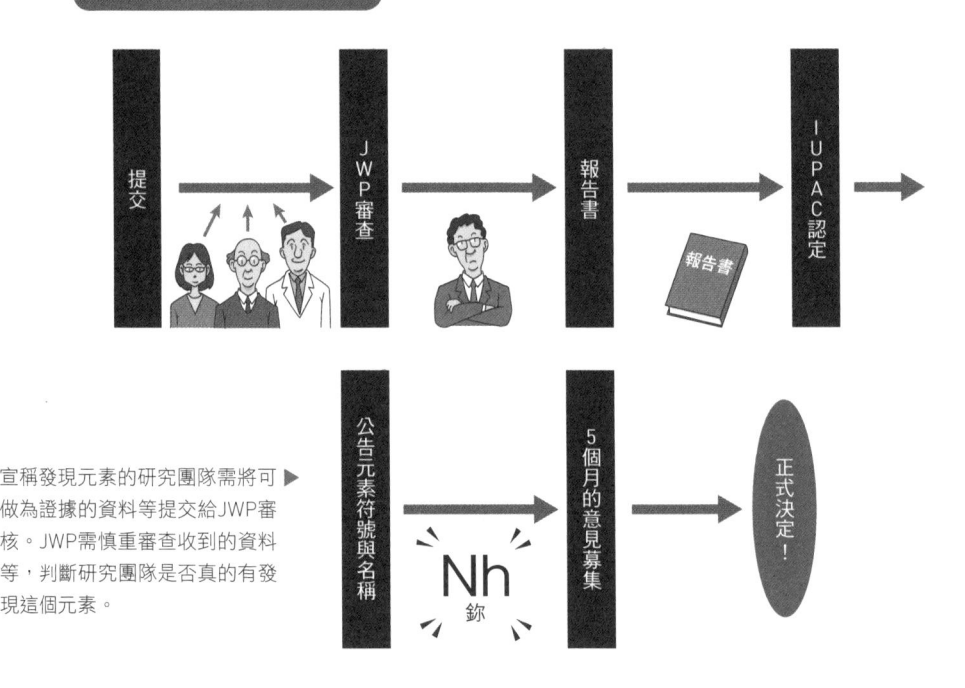

宣稱發現元素的研究團隊需將可 ▶
做為證據的資料等提交給JWP審
核。JWP需慎重審查收到的資料
等，判斷研究團隊是否真的有發
現這個元素。

元素命名規則

目前，元素命名權是由國際純化學和應用化學聯合會（IUPAC）與國際純粹與應用物理學聯合會（IUPAP）所組成的聯合工作小組（JWP）認定。

JWP每幾年會設置一段期間，宣稱發現新元素的研究團隊需在這段期間內，提交可以證明自己確實發現了新元素的論文與數據，供JWP成員審查。

這項審查會耗時數年。不僅需耗費大量時間檢視資料是否正確，若有多個團隊宣稱自己發現同一個元素，還需判斷是哪一個團隊先發現了這個元素。JWP會將審查內容以報告書的形式提交給IUPAC，IUPAC再以這份報告書為基礎，承認研究團隊發現了新元素，並賦予他們命名權。

不過，就算是發現者，也不代表可以任意為元素命名。在過去很長一段歷史中，元素的名稱皆源自元素性質或神話。即使到了現在，這樣的習慣仍沒有多大改變。依照IUPAC所訂下的規則，命名者只能以「神話中的概念或人物（包含天體）」、「礦物或類似物質」、「場所或地理區域」、「元素性質」、「科學家」的名字為元素命名。而且，為104號以後的超重元素命名時，116號以前的元素名語尾要是「ium」、117號元素名語尾是「ine」、118號元素名語尾則是「on」，後來也確實依照這個規則命名。另外，在100號以後的超鈾元素，其外型皆不明。

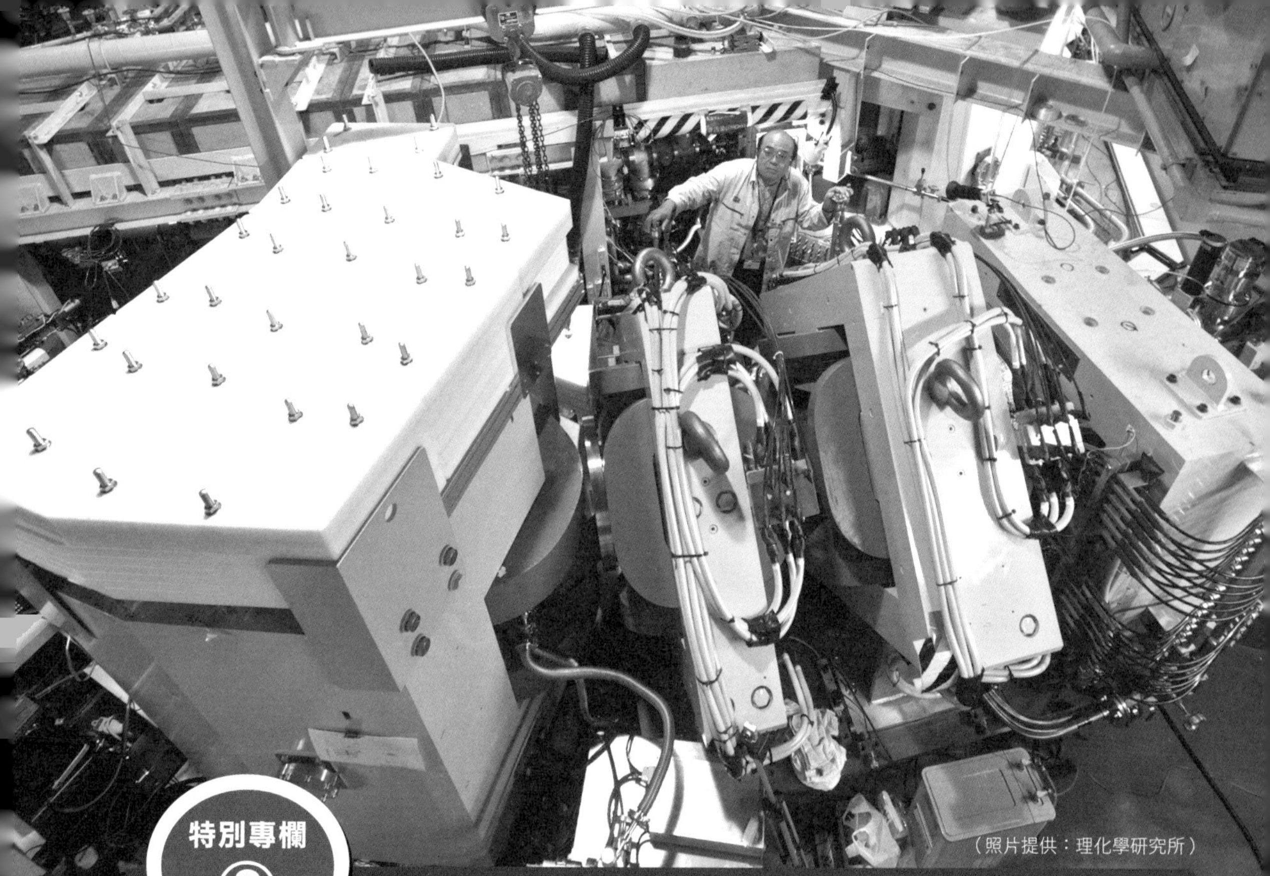

（照片提供：理化學研究所）

專訪製造出鉨的 森田浩介博士

在日本的研究團隊成功合成出113號元素後，2016年11月30日，IUPAC正式發表了這個元素的名稱。它的名字是……

「鉨（Nihonium）」
元素符號為「Nh」

成功合成出這個元素，並被IUPAC認可擁有該元素命名權的，就是日本的理化學研究所仁科加速器研究中心超重元素研究團隊。在這之前，所有元素皆由歐美各國的研究者們命名。這是史上首次由歐美以外的國家為新元素命名。這次我們將訪問率領這個團隊的森田浩介博士（九州大學大學院理學研究院教授）。

（採訪日：2016年2月）

森田浩介

理化學研究所仁科加速器研究中心超重元素研究所團隊 團隊主持人。九州大學大學院理學研究院教授。

9年間共400兆次的撞擊中，僅合成出3個

──恭喜您發現新元素並獲得命名權。

森田 謝謝你。能夠做到這件事，我要感謝長久以來和我一起堅持下去的團隊成員們、持續支援我們的理化學研究所及各位前輩。

──許多人說這是一個非常困難的實驗。那麼實際上，新元素的發現究竟是怎麼一回事呢？

森田 所謂的合成新元素，就是合成出更重的原子核。我們一般會把比92號元素鈾還要重的元素稱為超鈾元素，在自然界幾乎不可能找到這些元素，只能用人工的方式製造出來……也就是用實驗儀器合成的方式發現這些元素。113號元素就是其中之一。

──這些元素內都含有很多質子和中子。你們會用什麼樣的方法增加原子核內的質子或中子數呢？

森田 我們的實驗，是將鉍（原子序83，

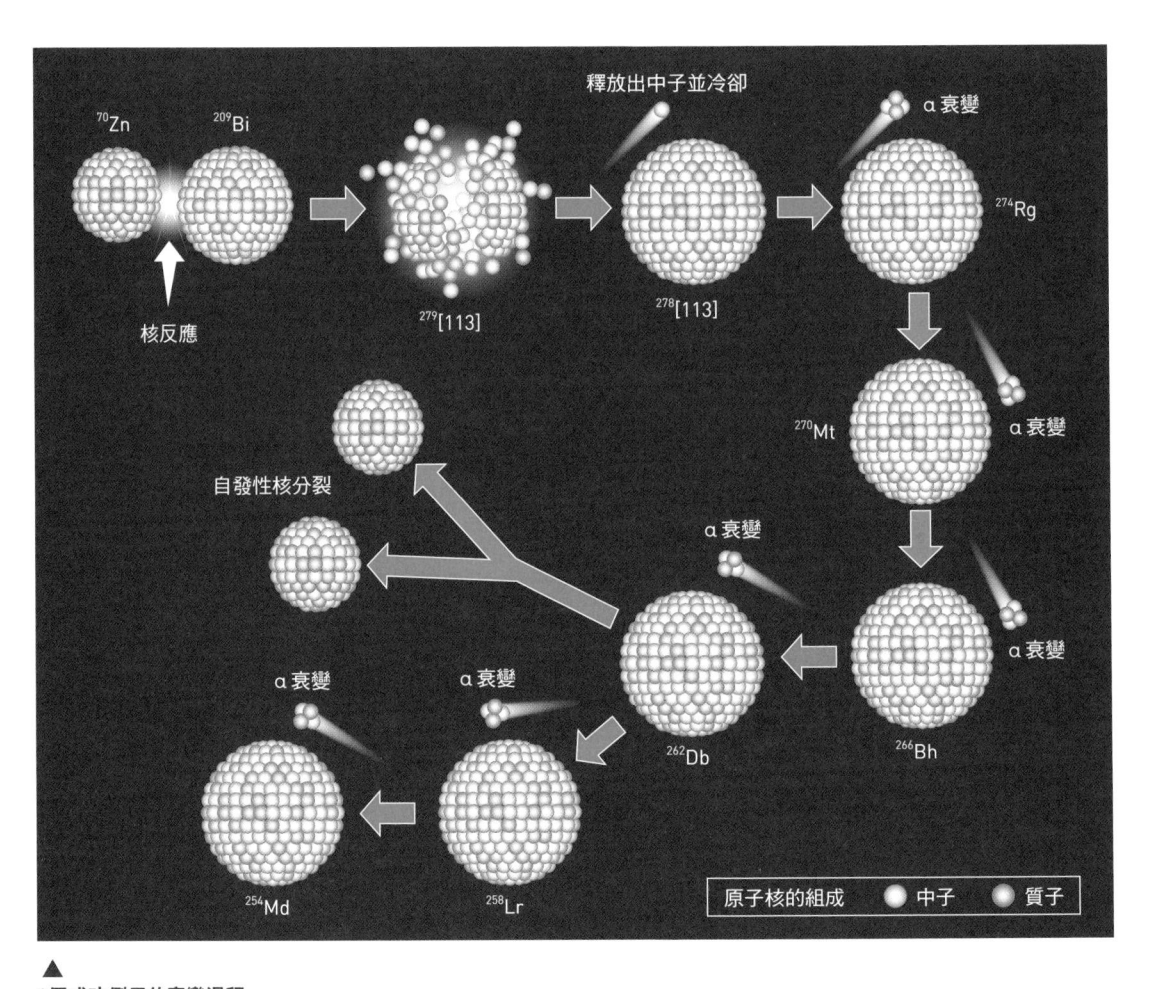

▲
3個成功例子的衰變過程

第1次和第2次的合成過程（2004年7月23日和2005年4月3日）中，團隊觀測到合成出來的原子核在經過4次α衰變之後轉變成𨧀（原子序105），接著𨧀又分裂成了2個原子核。而2012年8月12日的第3次合成，則觀察到共6次的α衰變，並確認最後產物是鍆。

質量數209）的原子核當作「標靶」，再使用由鋅（原子序30，質量數70）原子核組成的粒子束撞擊這個標靶。若合成成功的話，就可以得到質子數為113的原子核，也就是原子序為113的元素。

—— 也就是讓原子核相互撞擊，以產生更重的原子核是嗎？

森田　你說得沒錯，但實際上做起來相當困難。因為原子核帶有正電荷，就算我們硬是拉近某原子核與質子或其他原子核的距離，也沒那麼容易讓它們融合在一起，就算是將不帶電的中子與原子核融合，也會因為不穩定而馬上衰變。所以說，若要合成那麼大的原子核，需要用很大的能量，讓粒子高速相撞才行。然而，要是撞擊能量太強，會破壞掉原子核；要是撞擊能量太弱，則無法讓原子核彼此靠近。所以重點是必須用恰好的強度，讓原子核與另一個原子核之間像是軟著陸的樣子靠在一起。

—— 聽說在合成成功之前花了很長的時間……。

森田　首次合成成功是在2004年7月，第2次合成成功則是在2005年4月，第3次是在2012年8月。累積了3次合成實驗的結果，終於成為了有力的證據，讓其他研究者們認同我們發現了新元素。我們一共花了9年，做了約400兆次的粒子撞擊，才得到這樣的結果。

由衰變過程確認合成成功

—— 看起來真的是項很需要毅力的研究呢。您認為成功的祕訣是什麼呢？

森田　最重要的可以說是保持樂觀吧……因為相信，才能繼續做下去。合成113號以前的元素時，我們在3天內就合成出10個108號元素，50天內合成出13～14個111號元素，30天內合成出2個112號元素……由此可看出，質量愈大的元素，合成的機率就愈低。但我們深信，只要依照過去採用的實驗條件進行，實驗早晚會成

（照片提供：理化學研究所）

◀ **RILAC**
RILAC是RIKEN Heavy-ion Linear Accelerator的簡稱。是利用多個排列成直線的電極產生磁場，藉此將原子核直線加速的裝置。粒子束的平均強度非常高，是目前（2017年1月）世界最強的重離子束。
（參考第71頁）

功。當然，也有人提議「要不要改變實驗條件呢？」但最後還是持續採用我們相信的方法，並獲得了成果。這也是因為我們有世界最強的線性加速器「RILAC」，以及能夠篩選出113號元素的檢測裝置「GARIS」等性能值得信賴的裝置，才能夠持續實驗下去。

——合成新元素自然很不容易，但聽說確認合成出來的元素是否為113號元素的原子核也是件很困難的事對嗎？

森田 在粒子束打到標靶時，除了會飛出目標原子核以外，也會飛出大量做為標靶的鉍原子核、粒子束內的鋅原子核及各種會成為「雜訊」的粒子。而且，撞擊產生之113號元素的原子核，其電荷的性質與強弱並不固定（由於電荷不固定，使我們更難將它分離出來），故需要非常精密的檢測裝置，才能在一大堆雜訊粒子中捕捉到113號元素的原子核。為此我們開發出了「GARIS」，又叫做「氣體充填型反跳分離器」。

——因為質子非常小，就算可以合成出想要的原子核，應該也沒辦法計算出原子核內有多少個質子吧？請問你們是怎麼確認質子數的呢？

森田 新元素的原子核在合成出來後，馬上就會衰變，轉變成其他較穩定元素的原子核。而我們可以藉由捕捉這個衰變的過程，確認是否真的有合成出想要的元素。113號元素在經過6次α衰變之後，會變成已知元素的鍆（原子序101）原子核。而α衰變所射出的α射線含有2個質子，少掉2個×6次＝12個質子之後，成為有101個質子的鍆……這證明了原本的原子核有113個質子。能否衰變成「已知元素」是很重要的一點，我們在2012年的合成過程中確認到了這一點，也成為證明我們有合成出新元素的有力證據。

（照片提供：理化學研究所）

◀ **GARIS**
利用磁場改變從標靶飛出之原子核的路徑，篩選出目標原子核，並將之引導至檢測器。原子核會與內部填充的稀薄氦氣作用，使原子核的電荷達到特定平均值，以決定113號元素的路徑。

乘著人類對知識的好奇心投入研究

—— 這麼一來，由日本命名的元素也會出現在週期表了呢。想必這會引來全世界的熱烈關注，您認為這個發現具有什麼意義呢？

森田 原子核的研究可以提升觀察原子或放射線的技術，過去已有應用在MRI（磁振造影）與PET（正子造影）等醫療儀器上的例子。或許在這次發現新元素的過程中所研發出來的各種技術，未來可以應用在我們生活周遭。不過，113號元素目前看來應該是沒辦法應用在我們的生活才對。但是，研究新元素就像是在探究宇宙起源一樣，我們是因為人類對知識的好奇心，才投入了這項研究。就這層意義來看，研究成果可說是整體人類的財產。這次的發現，讓我們能夠進一步探究物質真正的模樣，向未知領域再踏出一步。

—— 由日本命名的元素會被永遠記錄下來，想必對於日本科學的發展也會是很大的鼓勵。那麼，團隊今後又會投入什麼樣的研究呢？

森田 我們正針對119號以後、尚未被發現的元素進行相關研究，思考該如何合成出這些元素。這種站在研究第一線的機會，是任何一個研究者都夢寐以求的。我們曾想過用鈣（原子序20）或鈦（原子序22）的粒子束來撞擊比鈾還重的鑀（原子序99）等方式，不過至今尚未有人成功用比鈾還要重的元素來合成超重元素，所以能否成功還是未知數。現在我們仍停留在琢磨構想的階段。而在裝置方面，在合成113號元素時使用的是GARIS，未來則會用性能是它的1.7倍的GARIS-II來進行實驗。

—— 更重元素的發現，可以讓我們看到什麼樣的未來呢？

森田 超重元素會在遠小於1秒之內的時間內迅速衰變。不過，依照目前的理論，196號元素的壽命卻可以長達數日至數年。這又被稱為「穩定島」，未來這類元素可望用於放射線醫學等方面。製造出這類元素，是原子核物理學最大的挑戰之一。

訪問結束後，113號元素於2016年6月確定被命名為「鉨（Nihonium, Nh）」，團隊主持人森田浩介與團隊領導人森本幸司（左）藉這個機會召開了記者會說明實驗。記者會中提到「由於這是在日本發現的元素，故我們堅持以日語中的『日本』來為這個元素命名」。被問到發現鉨的意義時，他們則回答「在自然科學教科書中的元素週期表上，可以看到由日本命名的鉨名列其中，對於身為亞洲國家的日本來說有著相當重大的意義。希望這能夠成為日本學生對科學產生興趣的契機」。

週期表可以擴展到什麼程度？

什麼是「穩定島」？

在訪談成功合成出113號元素的森田博士時，出現了「穩定島」一詞。這指的是重元素中，理論預測其可能存在，但尚未被發現的穩定而長壽的同位素。

一般而言，至今發現的超重元素中，元素愈重（質量數愈大），半衰期愈短，可能在誕生的一瞬間就轉變成其他元素。但目前有理論預測穩定島的核種，擁有比其他核種還要長的壽命。

這些穩定島的原子核，其質子數與中子數皆為特殊數值。這些特殊數值叫

做「幻數」，質子的幻數包括2、8、20、28、50、82；中子除了這些幻數外，126也被認為是中子的幻數（此外，質子的120與中子的184也被認為是幻數）。舉例來說，鈣40的質子數與中子數分別是20，兩者都是幻數，故是很穩定的原子核。像這種質子數與中子數皆為幻數的核種，又被稱為「雙幻核」。

而在質量數較大的核種中，鉛208擁有82個質子與126個中子的雙幻核，且自20世紀後半以來，陸續有人指出應存在更大的質子幻數，研究也持續進行中。也就是說，有理論預測，在質量非常大的超重元素中，尚存在未知的質子或中子幻數，能使對應的原子核穩定存在（第86頁圖）。

▼ **立體核素圖**

以縱軸表示質子數、橫軸表示中子數，將元素的每一種同位素核種繪製成圖，稱為「核素圖」。穩定島指的是在核素圖中，與過去已知的天然元素或人工元素群沒有相連，呈島狀分布的元素。照片是以樂高做成的立體核素圖，由理化學研究所出。圖中以高度來代表穩定度的差異，正中間的凹陷處則是穩定的原子核。

（中子數）

核素圖

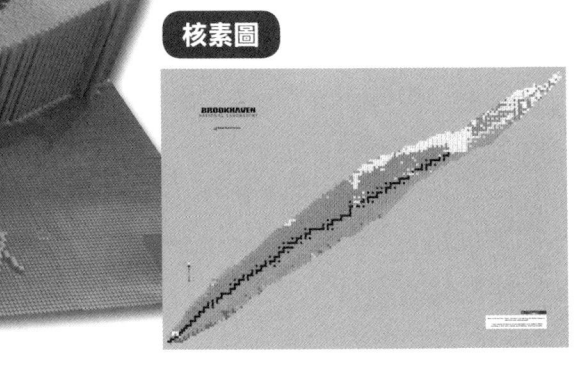

週期表可以擴展到什麼程度？

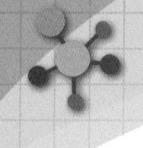

期待合成119號以後的元素

穩定島上有數個可能存在的核種，但每個都是質量數非常大的超重原子核。如果一般而言會瞬間衰變的元素，卻可以維持數分鐘到數年的穩定的話，說不定可以找到某些過去不曾想過的應用方式。可能位於穩定島的超重元素，也包括一些尚未證實其存在、119號之後的元素。

一般的週期表中只會列出118號之前的元素，若我們發現原子序更大的元素，不僅可以擴展週期表，也可以讓物質與物理的世界變得更廣。

那麼，元素種類可以增加到多少，週期表又能擴展到多廣呢？成功合成了113號元素的理化學研究所正在進行合成、發現119號、120號元素的準備。他們正在討論能否用鈦（原子序22）、釩（原子序23）或者是鉻（原子序24）的粒子束，打向以鋦（原子序96）或鉲（原子序98）等元素做成的標靶，藉此合成出更重的元素。而森田博士的團隊

預測中的穩定島

1. 292𨭆（Hs）
質子＝108個
中子＝184個

2. 298鈇（Fl）
質子＝114個
中子＝184個

3. 304Unbinilium（Ubn）
質子＝120個
中子＝184個

4. 310Unbihexium（Ubh）
質子＝126個
中子＝184個

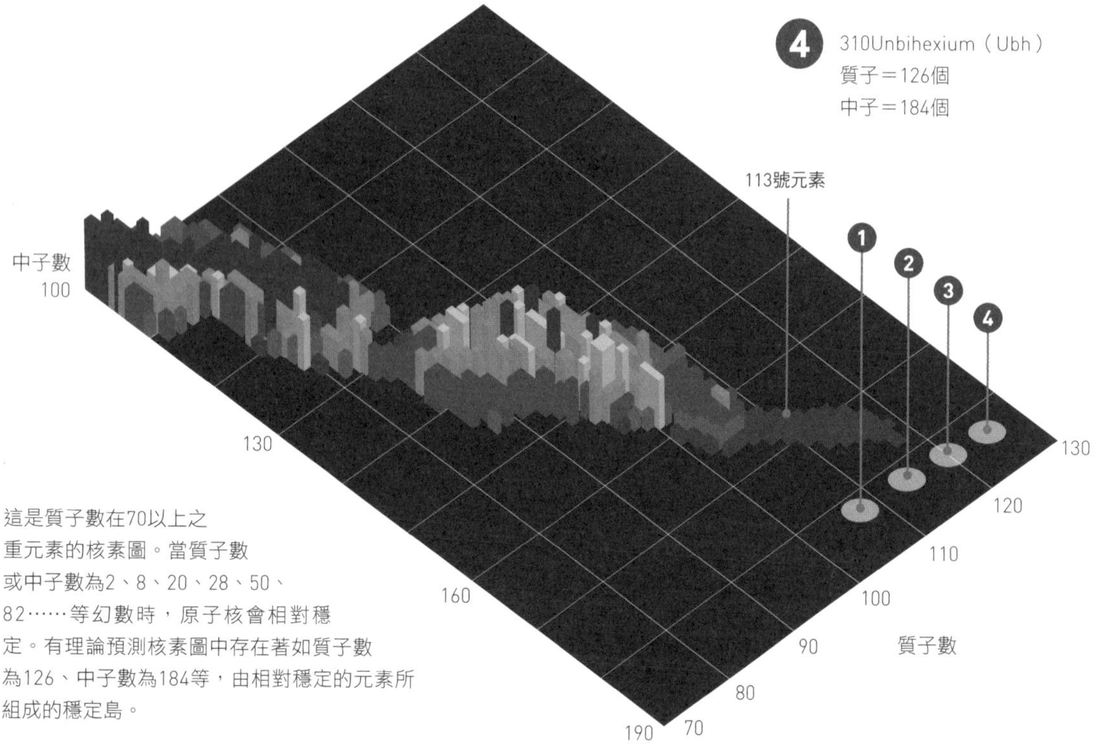

113號元素
1
2
3
4
中子數
100
130
160
190
70
80
90
100
110
120
130
質子數

這是質子數在70以上之重元素的核素圖。當質子數或中子數為2、8、20、28、50、82……等幻數時，原子核會相對穩定。有理論預測核素圖中存在著如質子數為126、中子數為184等，由相對穩定的元素所組成的穩定島。

也已開發出GARIS-II，準備用於119號之後元素的合成。

想必不久後，應該就能發現尚未出現在週期表中的第8週期元素了吧。

永無止盡的人類夢想

另一方面，也有人認為原子序為137的元素就是最後一個元素。諾貝爾獎得主理察‧費曼指出，138號元素的原子核有138個質子，為了抵抗擁有強力正電荷的原子核，其周圍的電子必須以超越光速的速度運行（因為不可能超越光速，所以該元素不可能存在），因此人們把最後的137號元素非正式地稱為「Feynmanium」。不過也有不少專家認為，原子序大於137的元素並非完全不可能存在。

元素數目究竟可以增加到多少種？週期表究竟可以擴展得多大？我們仍不曉得這些問題的答案。即使是現在，想要合成出位於穩定島、被預測可能穩定存在的原子核，就不是件容易的事了。過去的方法無法實現這個任務，所以這個問題屬於未來的研究領域。說不定自宇宙誕生至今的138億年間，都不曾出現過這些元素。

雖然元素週期表只是一張圖表，卻包含了人類自太古以來「想要理解物質真正面貌」的欲望，以及合成新物質的夢想。合成、發現新元素並擴展週期表，可以說是人類的一大挑戰，也是科學上的夢想。

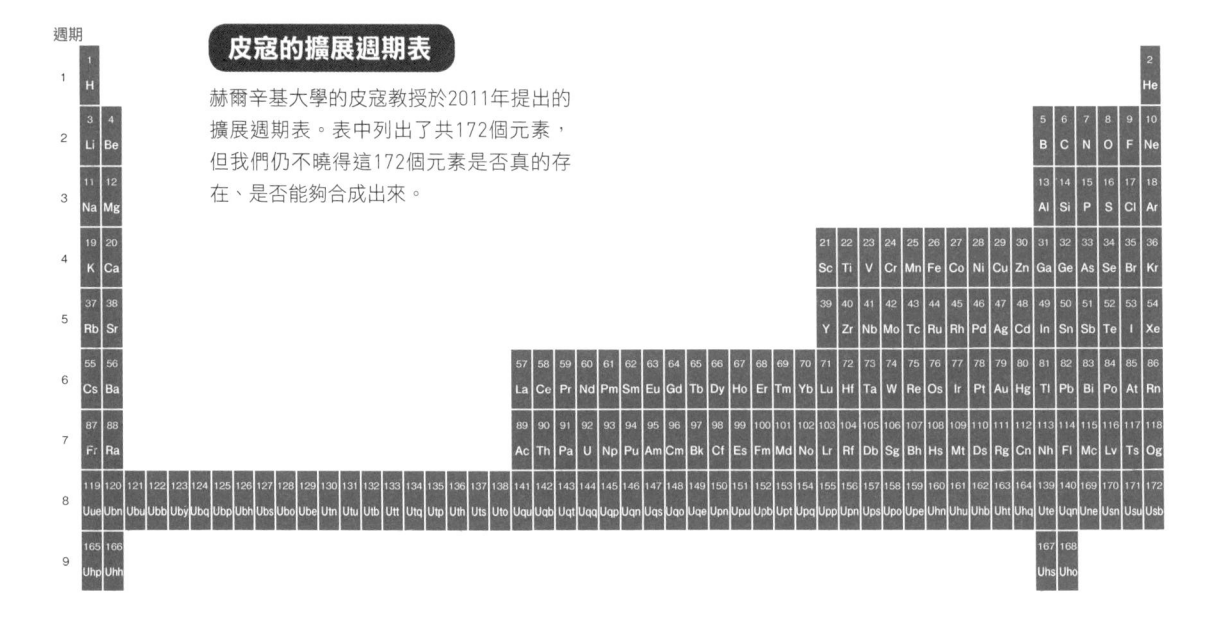

皮寇的擴展週期表

赫爾辛基大學的皮寇教授於2011年提出的擴展週期表。表中列出了共172個元素，但我們仍不曉得這172個元素是否真的存在、是否能夠合成出來。

嘗試用身邊的材料觀察放射線

擴散雲室

什麼是放射線？

放射線指的是能量很強且以高速飛行的極小粒子，以及高能量的電磁波。放射線的種類很多，不過大致上可以分成「游離輻射」與「非游離輻射」。物質被游離輻射照射到時，容易轉變成帶電荷的狀態（輻射會使電子游離），而一般說到放射線，指的通常就是游離輻射。

游離輻射（以下皆稱放射線）種類繁多，包括α射線、β射線、γ射線、X射線、中子射線等，這些放射線的性質與產生原因各有不同，其中也有些是從原子核釋放出的射線。

由許多質子及中子組成的原子序較大的元素原子核中，如果質子數與中子數沒有達成平衡，使原子核無法穩定存在，便會發生「原子核衰變」的現象，使該原子核轉變成其他元素的原子核，這時就會釋放出放射線。

原子核衰變有幾種形式。譬如說鈾238在經過衰變後會轉變成釷234，此種衰變就稱為「α衰變」，這時所釋放出的是「α射線」。而氯36會在釋放出「β射線」之後轉變成氬36，這就是「β衰變」。

聽起來或許會覺得放射線是很稀奇的東西，但其實放射線本來就大量存在於我們的周圍。舉例來說，地球內部某些不穩定的元素就會自發性地產生放射線；空氣中的某些同位素在衰變時也會產生放射線；來自宇宙的高能量「宇宙射線」進入大氣，撞擊到大氣中的物質時，亦會產生放射線。

捕捉放射線的方法

放射線中，α射線與物質的交互作用最強，α粒子會在撞擊到空氣分子後，使空氣分子游離出電子。而我們可以用「雲室」來觀察分子的游離過程。這是1897年時，蘇格蘭的物理學家查爾斯·威爾遜發明的裝置，雲室裡的空氣為過飽和狀態，一有什麼動靜便容易產生霧氣。當放射線通過雲室內部空間時，放射線通過的路徑就會產生霧，使我們能夠觀察到放射線的軌跡。雖然我們沒辦法用肉眼觀察到放射線，卻可以看到它的軌跡。

雲室大致上可以分為「膨脹雲室」與「擴散雲室」，兩者的差異在於製造過飽和狀態的方法不一樣。膨脹雲室是藉由讓空氣急速膨脹而使溫度下降，藉此達到過飽和狀態；擴散雲室則是將可以產生霧氣的物質以蒸氣的形式灌入，再冷卻空氣，使其達到過飽和狀態。

在威爾遜發明雲室之後，雲室歷經改良，其原理陸續被用在電子、放射線、宇宙射線等的研究上，亦用於發現正電子等新粒子，現在則常見於原子核物理學的基礎研究。

顯現軌跡的機制

這次實驗中，在冷卻擴散雲室前，需先在空氣中注入大量乙醇蒸氣。理論上，乙醇蒸氣在充分冷卻之後會凝結成液體，但必須要用某些東西干擾蒸氣才行，否則就算到了應該要凝結成液體的溫度，乙醇蒸氣仍會保持氣體狀態，這就是前面提到的「過飽和狀態」。這時如果我們打入放射線，使放射線撞擊空氣分子，便可讓空氣分子游離出電子。以此為契機，空氣中的乙醇蒸氣便會凝結成液滴，反射光線而呈現白色。

產生軌跡的原因

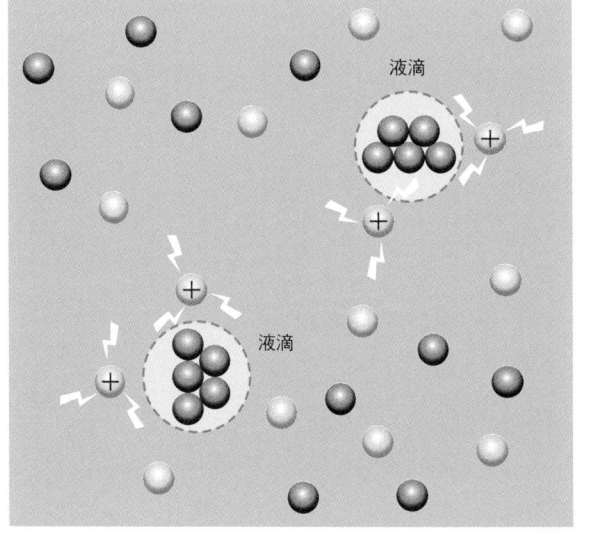

❶ 空氣中充滿了乙醇蒸氣（飽和狀態）。

❷ 降低溫度後乙醇分子會逐漸聚集成液粒（圖中央），但要是沒有其他干擾的話就沒辦法形成液滴，成為過飽和狀態。

❸ 若將放射線射入過飽和空間，放射線便會讓路徑上的空氣分子游離出電子，使其帶有電荷。

❹ 受到刺激的乙醇蒸氣，其過飽和狀態會崩解。帶有電荷的空氣分子會彼此靠近，凝結成我們肉眼看得到的液滴。

拉遠來看的話……

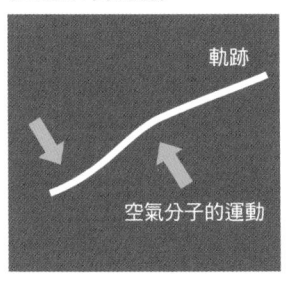

液滴會沿著放射線的路徑產生，並暫時性地浮在空中，使我們能夠以肉眼觀察到白色的軌跡。在空氣運動的影響下，軌跡可能會稍微彎曲。

用乙醇蒸氣充滿整個容器再使其冷卻

原理稍微有些困難，但其實我們可以用周圍的材料自行製作擴散雲室。

本實驗中所使用的擴散雲室，是用酒精中的乙醇來產生霧氣般的液滴，並用乾冰等材料進行冷卻。裝置相當簡單，只要將乙醇蒸氣（氣體）充滿密閉透明容器，再於下方放置乾冰，冷卻容器底部即可。

實驗方法雖然不困難，但乾冰的溫度非常低（約-80℃），故取用時需特別小心。請不要空手拿取，而是要戴上工作手套之類的手套再取用。

另外，乙醇是相當易燃的物質，請在周圍不會產生火花的地方進行實驗。未成年人進行實驗時，一定要有大人陪同，並小心操作藥品與用具。可以的話，請找學校的自然科老師等專業人士從旁指導。

用具與材料

用具
- 耐熱玻璃容器（大一點的容器才看得清楚）　或者大燒杯也可以
- 滴管
- PVC塑膠水管　或者塑膠尺
- 手電筒（LED手電筒等較明亮製品）
- 保麗龍板
- 工作手套
- 免洗筷　或者鑷子
- 另一個玻璃容器（杯子之類：用來盛裝實驗用乙醇）

- 鋁箔
- 保鮮膜
- 黑色圖畫紙　或者黑色不織布
- 衛生紙
- 放射線源
  （獨居石、瓦斯燈燈芯、鉀肥、花崗岩等）

材料
- 乾冰（500g左右）
- 無水乙醇（10～20mL）

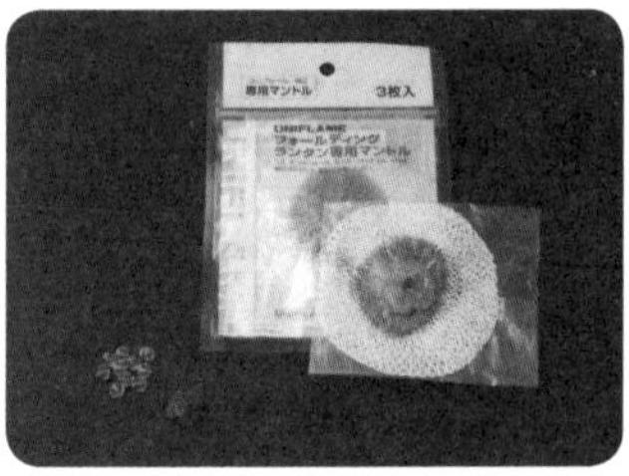

實驗步驟

1

將黑紙裁成圓形，鋪在玻璃容器（或者是大燒杯）的底部。

2

以滴管沿著玻璃容器的內壁，緩緩加入10～20mL的無水乙醇，使內壁充分被乙醇潤濕。如果底部殘留多餘酒精的話，請將其移至其他容器（可重複利用）。

用免洗筷等將放射線源（後述）夾進容器底部中央，以保鮮膜封住容器開口。

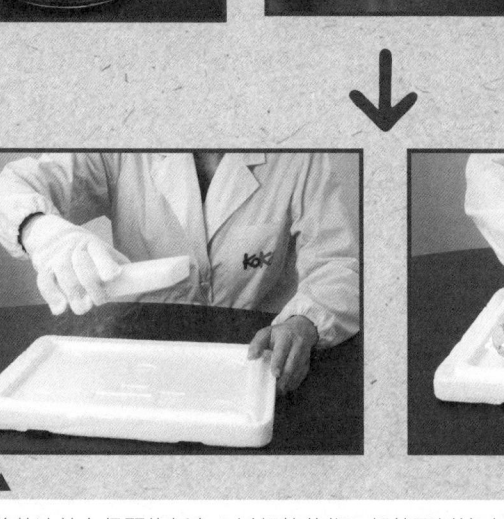

將乾冰放在保麗龍板上，以鋁箔蓋住。鋁箔可以讓玻璃容器底部平均冷卻，即使乾冰表面不平整也不妨礙實驗進行。

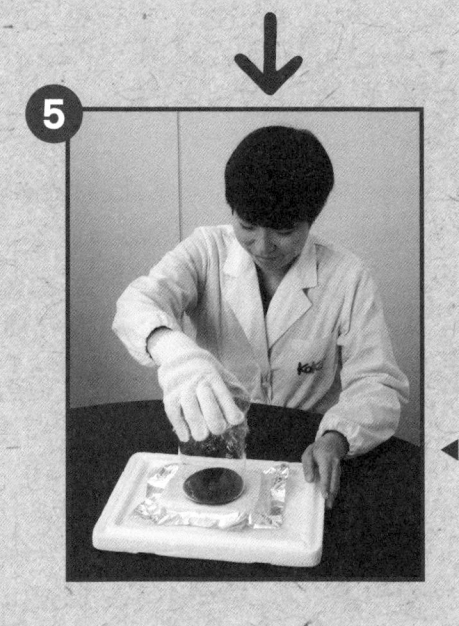

將❸的玻璃容器放在鋁箔上，關掉周圍燈光，以手電筒從旁邊照射，觀察容器內部狀況。

實驗步驟

6

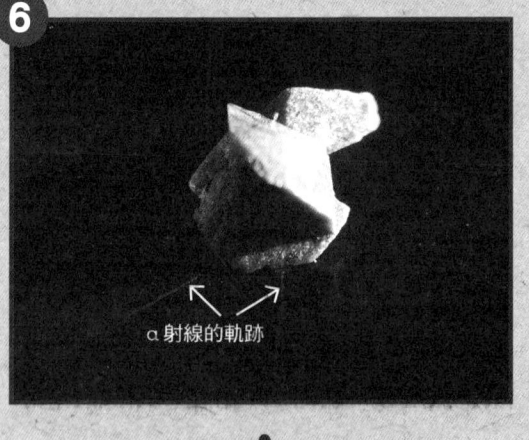

α射線的軌跡

◀ 一陣子之後，就可以觀察到玻璃容器內降下由細小液滴形成的霧粒。可以用光照射放射源上方的空間，從正上方觀察。

◀ 可以在岩石的周圍觀察到白色軌跡。這就是α射線的軌跡。放射源的四面八方都會產生這種軌跡。

7

每隔幾分鐘用PVC塑膠管或塑膠尺摩擦衛生紙，使其產生靜電，再將塑膠管或塑膠尺放在玻璃容器的上方。這麼做可以將空氣中帶有電荷的粒子往上吸，方便我們觀察放射線的軌跡。

8

實驗結束後，收拾器材時請小心處理乾冰。

關於放射線源

　　本實驗可以用某些礦石（獨居石）、露營所使用的瓦斯燈燈芯等當做放射線源。這些物質都含有可以產生放射線的釷。獨居石不容易取得，瓦斯燈燈芯則可以在一般戶外用品店購得。

　　不過，有些產品會改用沒有放射性的材料製作，若使用這些產品進行實驗的話，可能就看不太到放射線軌跡了。若想要確實觀察到放射線軌跡的話，可以向學校的自然科老師等專業人士借用放射性礦物的標本。

　　就算沒有放射線源，容器可能也會接收到宇宙射線撞擊空氣分子後所產生的放射線。此外，偶爾也能觀察到由空氣中的氫同位素所產生的放射線。若保持耐心觀察下去，應可看到由這些放射線所產生的軌跡才對。

第 4 章
由元素構成的世界

本章將一起看看元素週期表內的118種元素
是用什麼樣的形式存在於這個世界上，
又都存在於何處。

大自然

氫（H·1）

鎂（Mg·12）

碳（C·6）

氧（O·8）

矽（Si·14）

磷（P·15）

氮（N·7）

氫、碳、氮、氧、硫等元素是生物體的重要成分；
而氧、鋁、矽等元素則是土壤、石頭的重要成分。
另一方面，包括葉綠素中的鎂在內，自然界中還有
許多量少但不可或缺的元素。

鎂（Mg·12）

植物是綠色的緣故，就是因為有含
鎂的葉綠素。鎂是吸收光線、行光
合作用時不可或缺的元素。

氫（H·1）

太陽幾乎全由氫所構成。太陽可藉
由氫原子核之間的「核融合反應」
產生大量能量，發出光芒。

氮（N·7）

約佔了空氣的8成。生物體內的蛋白
質、胺基酸、DNA等重要分子皆含
有氮。

矽（Si·14）

許多岩石與土壤中皆含有矽與氧。
因此矽是地殼中第二多的元素，僅
次於氧。

碳（C·6）

包括蛋白質、脂肪、DNA、碳水化
合物等分子在內，幾乎所有生物體
內的重要分子都含碳。

氧（O·8）

以水（H_2O）及氧氣的形式存在，
含量相當豐富。水可以溶解多種物
質，也是生命不可或缺的物質。

磷（P·15）

磷是DNA等分子的原料，也是植物
成長時不可或缺的營養素，因此肥
料中常含有磷。

你我身邊的元素

家中

（牆壁內的鋼筋）

鐵（Fe・26）

汞（Hg・80）

錳（Mn・25）

鋅（Zn・30）

銦（In・49）

鋰（Li・3）

碲（Te・52）

有些元素以鐵與碳（塑膠等的主要成分）等容易觀察到的形式存在；有些元素則像銦或碲等，不容易察覺到它們的存在，卻是我們生活中不可或缺的元素。

銦（In・49）

被稱為氧化銦錫的化合物不僅透明，還可導電，是液晶顯示器中不可或缺的元素。

鋰（Li・3）

鋰電池常用於手機與各種電器，可以反覆充電使用。

鐵（Fe・26）

大量存在於地球，因為相當硬又堅固，常做為建築物的材料。

碲（Te・52）

DVD表面常會塗佈碲或銻的化合物，以雷射光照射時，可以讀取上面的資訊。

錳（Mn・25）

二氧化錳常用於一般乾電池的正極。可以保持長久而穩定的電力。

鋅（Zn・30）

氧化鋅為白色粉末，與皮膚的親和力很高，可以讓皮膚看起來更白，安全性也很高。

汞（Hg・80）

日光燈內部充有汞蒸氣，電子撞擊到汞時便會產生光。預計不久後會全面停用。

廚房

氟（F・9）

鉬（Mo・42）

鉻（Cr・24）

鋁（Al・13

氯（Cl・17）

鈣（Ca・20）

鈉（Na・11）

菜刀、流理台等廚房常見的金屬製品中，常會有一些很少聽過的元素。另外食品、調味料等也含有多種元素。知道這些元素的性質之後，料理技術說不定變好喔？

鈣（Ca・20）

鈣的化合物可形成堅硬的結晶，是骨骼的主要成分。若想要有強健的骨頭，就得多攝取鈣質。

氟（F・9）

為保持冰箱內的低溫所使用的液體「冷媒」，就是由氟、氫、碳等所組成的物質。

鋁（Al・13）

鋁金屬易延展，可以打得很薄、質地又輕，可廣泛用於鋁箔、餐具及罐頭等。

鉻（Cr・24）

鐵加入鉻、鎳之後所形成的合金不容易生鏽，又被稱為不鏽鋼，常用來製成流理台等。

鈉（Na・11）

料理時不可或缺的食鹽，主成分就是氯化鈉（NaCl）。是人類調整體內平衡的必要元素之一。

氯（Cl・17）

含有氯的聚氯乙烯能包覆物品，又可透光，可用來製成包覆食品等的保鮮膜。

鉬（Mo・42）

若在鐵中加入少量的鉬，可使其變得更為堅硬，可用於製作菜刀等刀具。

你我身邊的元素

街上

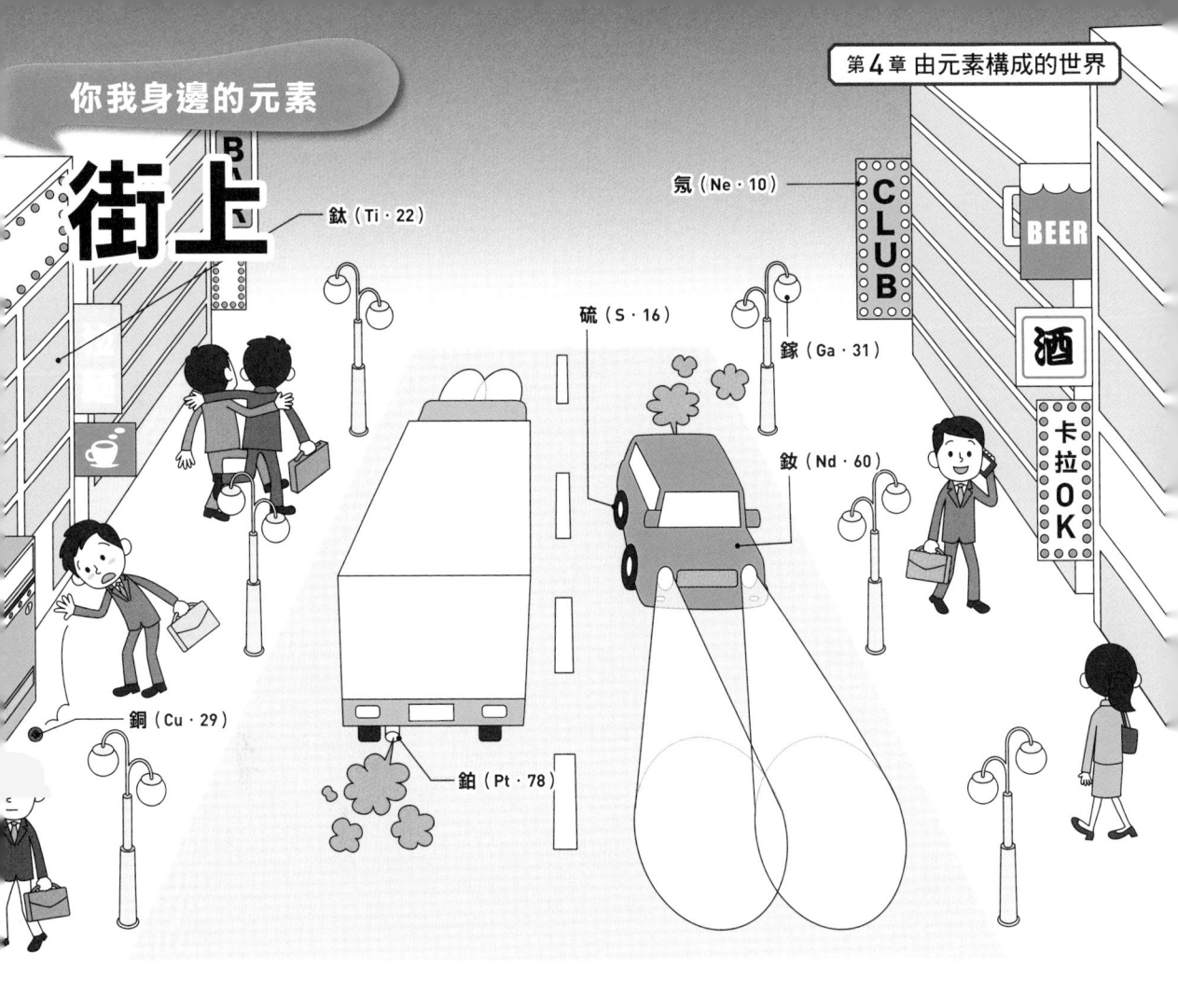

氖（Ne・10）

鈦（Ti・22）

硫（S・16）

鎵（Ga・31）

釹（Nd・60）

銅（Cu・29）

鉑（Pt・78）

照亮街道的路燈、在道路上奔馳的汽車等支撐著現代文明的產品，皆有用到種類繁多的元素。這裡列出其中的一小部分，還有許多意想不到的元素就存在於我們身邊。

鎵（Ga・31）

氮與鎵的化合物是藍光LED的原料。照明用的白光LED亦含有藍光LED零件。

氖（Ne・10）

在密封玻璃管內充入氖氣，再將電極置於兩端，放電時便可發光。可用於夜間招牌等。

鈦（Ti・22）

在玻璃表面塗佈含鈦的化合物，當玻璃被光照到時，便可自動分解表面上的髒汙。

釹（Nd・60）

將釹與某些元素混合之後，可得到強力磁石。可用於油電混合車的引擎等。

硫（S・16）

天然橡膠在加入硫之後，可使長鏈狀的橡膠分子藉由硫彼此連接，形成堅固的橡膠。

銅（Cu・29）

銅是導電度僅次於銀的金屬，故常用於電纜。日本隨處可見的10圓日幣，主成分也是銅。

鉑（Pt・78）

鉑具有能分解氮氧化物等有害物質的功能，可使排氣管保持乾淨。

地球上最多的元素

BEST 5

1 氧 (O · 8) **49%**

2 矽 (Si · 14) 26%

3 鋁 (Al · 13) 7.6%

4 鐵 (Fe · 26) 4.7%

5 鈣 (Ca · 20) 3.4%

（質量百分率）

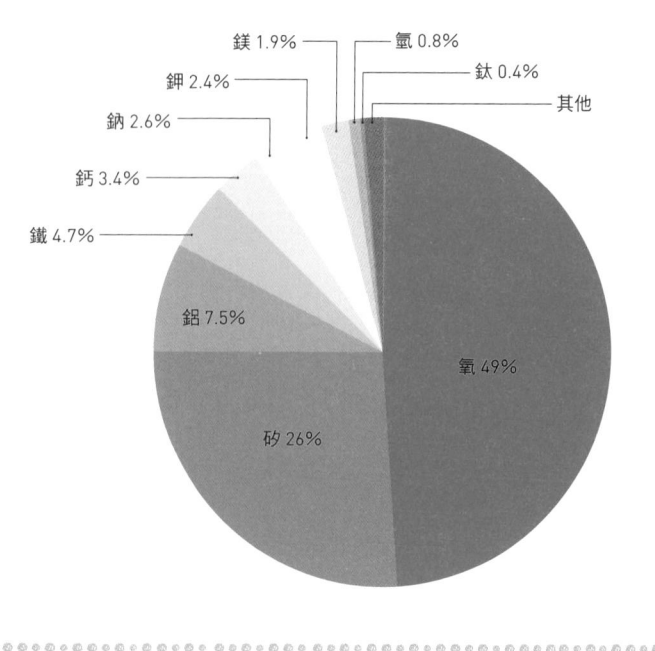

鎂 1.9%　氫 0.8%
鉀 2.4%　　鈦 0.4%
鈉 2.6%　　其他
鈣 3.4%
鐵 4.7%
鋁 7.5%
氧 49%
矽 26%

地球上各種
元素的比例

元素小知識

含量豐富的元素卻是次要金屬？

在自然界的含量很低，用途卻很重要的金屬元素，又被稱為「次要金屬」，銦與鎵就是其中的代表。不過也有像鈦一樣，自然界含量豐富但難以提煉的金屬元素，也被分類為次要金屬。

構成這個星球的元素

　　化學家法蘭克‧克拉克曾計算過從地球地表附近到海平面以下10英哩範圍內的各元素比例。左頁列出的就是地殼內含量前5名的元素。

　　第1名是氧，我們所看到的世界約有一半是由氧構成。海的主要成分是水（H_2O），此外像是石頭、沙、土等，皆是氧與其他元素組合而成的物質。

　　第2名是矽，許多岩石內都含有矽。譬如說石英這種隨處可見的白色石頭，就是由矽與氧所組成的礦物。將矽純化之後，便成為製造電腦與手機等電子產品時不可或缺的材料。

　　第3名是鋁，鋁也是許多岩石的重要成分。長石這種常見岩石的基本成分就是氧、矽及鋁。另外，像是紅寶石、藍寶石等寶石，則是鋁與氧所形成的結晶。而紅、藍寶石之所以會有顏色，是因為裡面混入了少許鉻與鐵等元素。

　　第4名是鐵，多是以和氧結合的形式存在於岩石中。若將這些岩石與碳一起加熱，便可提煉出鐵。我們周遭可看到許多由鐵製成的產品，如建築材料等。

　　鐵很重，故大部分的鐵在地球形成時已下沉至地底深處。因此一般認為地球核心部分主要就是由鐵組成的。若看的不是地表附近，而是整個地球的話，鐵應佔有3成左右的質量，是地球上最多的元素。

　　第5名是鈣，存在於石灰岩等岩石內。建造房屋時所使用的大理石、用來在黑板上寫字的粉筆等，皆是由含有鈣的礦物製成。

　　這裡列出的5種元素就佔了整體的90%左右，可以看出地球上各種元素的比例有很大的落差。

　　碳的比例為0.08%，是第14名；氮為0.03%，是第16名，這些我們熟悉的元素在地球上的含量卻沒有想像中得多。另一方面，鈦為0.46%，是第10名；錳為0.09%，是第12名，這些我們比較不熟悉的元素，在地球上的含量卻比想像中要多。

元素 排行

海水中最多的元素

BEST 5

1 氯 （Cl · 17） **58%**

2 鈉 （Na · 11） 32%

3 鎂 （Mg · 2） 3.9%

4 硫 （S · 16） 2.7%

5 鈣 （Ca · 20） 1.2%

（質量百分率）

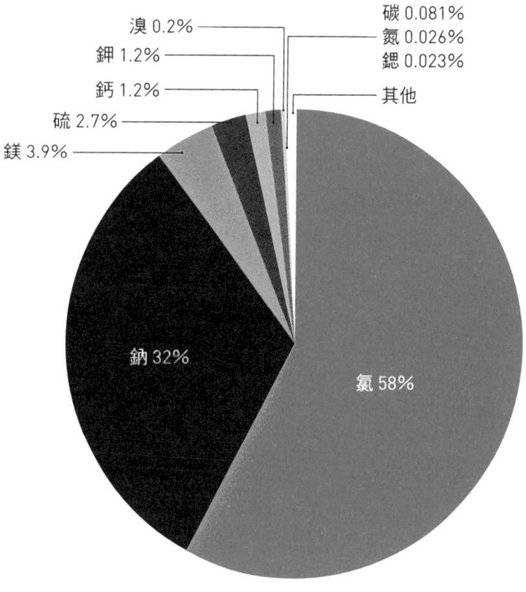

溴 0.2%
鉀 1.2%
鈣 1.2%
硫 2.7%
鎂 3.9%

碳 0.081%
氮 0.026%
鍶 0.023%
其他

鈉 32%

氯 58%

海水內各種元素的比例

元素小知識

海水中也有次要金屬？

要從海水中純化出黃金是有些困難，不過如果大量溶於水的元素，便有可能被純化出來。因此，目前有團隊正在研究如何從海水中純化出鈾或鋰等金屬。或許未來人們不是從礦山開採，而是從「礦海」提煉出次要金屬。

大海是元素的寶庫

　　如各位所知，將海水蒸發、去除水分之後會留下大量的食鹽（NaCl）。不過，溶在海水內的物質不是只有食鹽而已。

　　除了食鹽成分的氯與鈉外，海水中最多的元素是鎂，再來則是硫。硫多以硫酸根離子（SO_4^{2-}）的形式溶於海水中。因此海水除去食鹽後，便會留下氯化鎂和硫酸鎂等成分。這些成分又稱為「鹽滷」，將鹽滷加入豆漿（將大豆泡在水中，打碎後再煮過的液體）後可使其凝固，這就是豆腐的製作方法。

　　含量第5名的元素是鈣，可供許多海中生物使用。當鈣與碳酸根離子結合，形成碳酸鈣時，便成為不溶於水的堅硬固體。貝類與珊瑚等便是利用這種性質，形成堅硬的外殼，保護自己的身體。

　　這些元素究竟是從哪裡來的呢？

　　世界上的各個河川都會將流經的土壤等內含的元素一點一點的溶入河水，然後注入海中，於是海水內就有了各式各樣的元素。因此，海水除了上述5種元素外，還溶有非常多種元素。

　　有研究報告指出，若將海水拿去做精密的分析，會發現裡面有77種元素。可以說大部分存在於自然界中的元素，都能在海水中找到。譬如說黃金，雖然含量很少，但確實存在於海水中。由於海水總量相當大，因此全球的海水總量中居然含有多達50億t的黃金。

　　因為黃金含量如此龐大，故也有科學家認真地研究從海水中純化出黃金的方法。雖然說這並不是不可能的任務，但若想得到1g的黃金，就需要先蒸發約100萬t的海水才行。單就蒸發海水過程所需要花費的金額，就遠遠超過獲得的黃金價值，可說是一筆完全不划算的生意。

人體內最多的元素

BEST 5

1. 氧（O · 8）**65%**
2. 碳（C · 6）18%
3. 氫（H · 1）10%
4. 氮（N · 7）3.0%
5. 鈣（Ca · 20）1.5%

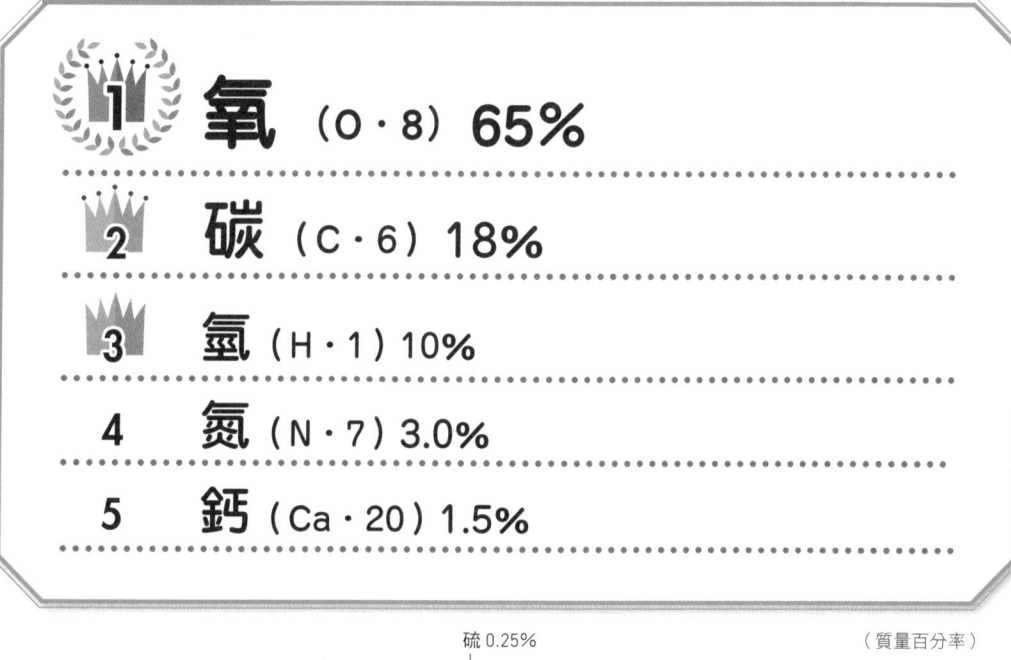

（質量百分率）

硫 0.25%
磷 1%
鉀 0.2%
鈉 0.15%
鈣 1.5%
氯 0.15%
氮 3.0%
其他 0.75%
氫 10%
碳 18%
氧 65%

人體內各種元素的比例

 **元素小知識**

明明有毒卻是必要元素？

人體要是攝取過多硒與鉻的話會中毒，但要是完全沒攝取的話也會生病，可說是相當奇妙的元素。不過只要正常飲食，就能攝取到適當的量，不需要特別擔心過多或過少的問題。

人體幾乎由這4種元素組成

人類體內有6成以上是水分，故人體內的元素中，氧元素的含量壓倒性地勝過其他元素。除了水分以外，其他組成人體的主要分子也多含有氧原子。食物中的各種化合物會與呼吸時自肺部吸入的氧氣進行反應，這時產生的能量就是供給我們身體的活動能量來源。

第2名的碳，是蛋白質、脂肪等人體內必須化合物的骨架，可以說是對生命來說最重要的元素。米飯、肉、蔬菜等食物，其營養成分都是由以碳為骨架所組成的化合物分子。甚至可以說，就是因為有碳，我們的身體才得以形成。

氫可以與做為分子骨架的碳鍵結，水分子（H_2O）也含有氫。氫是最輕的元素，若以重量來看，只佔了人體的1成，但若以原子數來看，則是體內最多的元素。

氮存在於蛋白質、DNA等分子內。生物體內會持續產生各種化學反應，製造出新的東西，以替換掉老舊廢棄物。氧與氮則可以幫助這些反應進行。為了維持生命的活動與機能，這些都是不可或缺的元素。

第5名的鈣是人體製造骨骼時的重要元素。因此，如果從飲食當中無法攝取到足夠的鈣的話，就沒辦法製造出強健的骨骼。體內細胞間交換資訊的時候，鈣也扮演著重要角色。

第6名以後分別是磷、硫、鉀、鈉。磷是骨骼與DNA的成分，也是人體必要的元素。硫存在於蛋白質中，指甲的硫含量特別高。燃燒指甲時會產生的刺鼻臭味，就是來自燃燒硫的臭味。

構成人體的元素中，前5名就佔了近98％。然而像是銅、鋅、硒、鉬等元素，雖然人體內的含量非常少，卻有著相當重要的功能。要是沒有這些元素的話，人類便無法維持生命。

宇宙中最多的元素

BEST 5

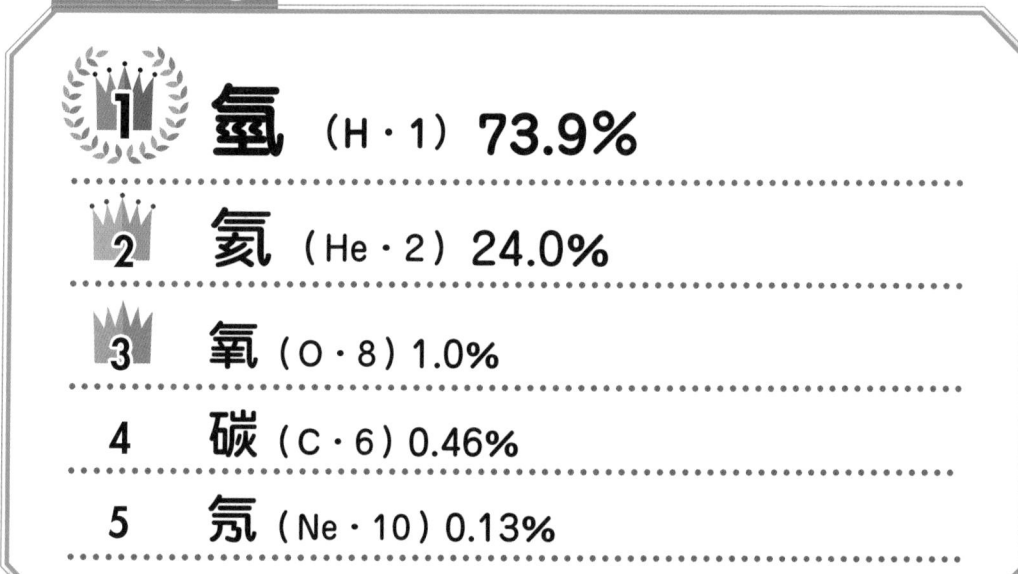

1	氫	(H・1) **73.9%**
2	氦	(He・2) 24.0%
3	氧	(O・8) 1.0%
4	碳	(C・6) 0.46%
5	氖	(Ne・10) 0.13%

（質量百分率）

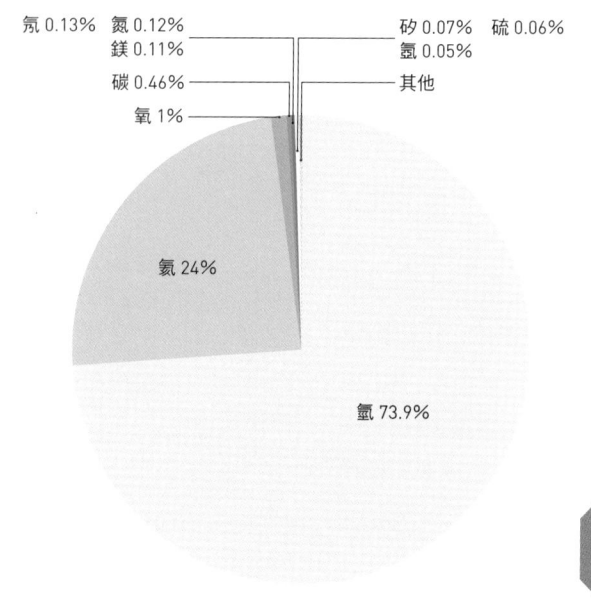

氖 0.13%　氮 0.12%
鎂 0.11%
碳 0.46%
氧 1%

矽 0.07%　硫 0.06%
鐵 0.05%
其他

氦 24%

氫 73.9%

宇宙中各種元素的比例

 元素小知識

為什麼地球上有那麼多鐵呢？

恆星內部的原子核會彼此融合成更大的原子核，但並不會永無止盡地變大。由26個質子與30個中子所組成的鐵原子核非常穩定，這就是恆星核融合的終點，也是為什麼地球上有許多鐵的原因。

宇宙幾乎由這2種元素組成

試著分析宇宙中的元素比例，會發現氫佔了宇宙約4分之3的質量，而氦佔了約4分之1，其他元素則只佔了很小的一部分。若以原子數來看的話，宇宙中約有93%的原子都是氫原子。

氫原子的原子核只有1個質子，周圍只有1個電子繞行，是最簡單的原子。氦的原子核則有2個質子，周圍有2個電子繞行，是第二簡單的原子。

一般認為，宇宙是在距今約138億年前，一場名為大霹靂的大爆炸中誕生的，大霹靂之後陸續形成了質子、中子、電子等基本粒子。而在那之後經過約38萬年，宇宙冷卻下來，於是質子與電子互相吸引並結合，產生了氫原子。

接著又過了數億年，宇宙中的氫原子因重力而彼此吸引、聚集，生成了如太陽般的恆星。恆星內部的氫原子核會因為高溫與高壓互相撞擊、融合，產生氦原子核。包含太陽在內，宇宙內大部分的恆星內部至今仍持續著將氫合成為氦的反應。

不過，目前氫元素仍佔了宇宙大部分的質量，只有一部分的氫原子核被融合成氦原子核。這就是為什麼宇宙中最多的還是氫，氦只是第二。

質量較大的恆星中，會將氦原子核進一步融合，得到碳（6個質子）與氧（8個質子）等質量更大的元素。由於質子數為偶數的原子比奇數的原子還要穩定，故宇宙中原子序為偶數的原子含量較多。

就這樣，恆星會持續融合原子核，產生質量更大的元素。不過，一般恆星的內部並沒有辦法無止盡地產生更大的元素。有人認為更大的元素來自於中子星的合併，這也是比較有說服力的假說（參考第64頁）。而我們可以說是由這些原子構成的「恆星碎片」。

熔點最高的元素

BEST 5

1	鎢	(W・74)	3410℃
2	錸	(Re・75)	3180℃
3	鋨	(Os・76)	3054℃
4	鉭	(Ta・73)	2996℃
5	鉬	(Mo・42)	2617℃

易融化的元素、不易融化的元素

就算是再堅硬的金屬，加熱以後也會熔化成液體。舉例來說，將鉛加熱到327℃時會熔化、鐵則在加熱到1536℃時會熔化。

然而，還有某些金屬要加熱到更高的溫度才會熔化。熔點[1]最高的元素是鎢，比3400℃還高；沸點[2]則是5500℃以上，也是所有元素中的第1名。這已是接近太陽表面的高溫。

我們可以利用這個特性，將鎢製成白熾燈泡的燈絲。電燈泡內的燈絲溫度愈高，就能發出愈明亮的光芒，但也會慢慢蒸發。故在高溫時不易融化、不易蒸發的鎢，便很適合做成燈絲。

另一方面，金屬中熔點最低的是汞（水銀），汞是在一般條件下，唯一以液態存在的金屬。若將汞冷卻到-39℃的話便會凝固，變成和其他金屬一樣的固體。而熔點第二低的是鎵，30℃左右就會開始熔化。因此用手握住金屬鎵的話，鎵就會在手中逐漸熔化成液體。

除了金屬以外，熔點最高的元素是硼，溫度低於2300℃時仍可保持固體狀態。而碳不管溫度加熱至多高，都不會以液體的形式存在。將純碳的結晶，也就是鑽石加熱到超過3500℃時，原子間的鍵結會開始斷裂，成為氣體。

另一方面，熔點最低的元素則是氦，要冷卻到-269℃才會凝結成液體。這樣接近絕對零度（-273.15℃）的溫度，已經是目前技術的極限。在這種超低溫環境下，會產生一般情況不會發生的奇妙現象。其中較著名的是：此時某些物質的電阻會降至零，成為超導體，可用於線型馬達或醫療器材等。氦就是研究這些現象時不可或缺的重要元素。

[1] 固體開始熔化，成為液體的溫度
[2] 液體開始沸騰的溫度

元素小知識

會滲透進金屬的液體

如果將汞和鎵這類熔點低的金屬，以液體的形式淋在其他金屬上，汞和鎵會滲透至其他金屬內形成合金，是種簡易製作合金的方式。將液體鎵放在鋁上，待其滲透進鋁裡後，便可以用手輕鬆將其撕裂。

元素 五花八門 排行

最貴的元素

BEST 5

👑1 錒（Ac · 89） 約700兆日圓/kg

👑2 鉲（Cf · 98） 約6兆日圓/kg

👑3 鋂（Am · 95） 約160億日圓/kg

4 鈽（Pu · 94） 約4億日圓/kg

5 鏷（Pa · 91） 約2800萬日圓/kg

（1日圓≒新台幣0.29元，2019年9月數據）

比黃金還要貴的元素

大部分週期表上的元素都以各式各樣的形式存在於我們的周圍。

而其中愈少見的元素，自然就會用比較高的價格進行交易。不過，元素的價格也會因為用途、時代、國家、地區的不同而有很大的差異，故很難準確說出「這個元素有多貴」。

以鉑（白金）為例，由於鉑可以淨化排氣管，故從2000年起的10年內，價格翻漲了5倍以上。也就是說，我們很難精準地為元素價格排序，上面列出來的數字請當作參考就好。

上方所列出來的第1名到第5名的元素皆為放射性元素。這些元素的壽命相當短，在自然界中存量少到幾乎找不到，甚至是根本不存在，因此只能利用加速器等特殊裝置才可製造出極少的量，所以價格也非常高。

第1名的錒只有在研究單位間進行極少量的交易，如果把單位放大到kg的話，便會成為難以想像的金額。

第2名的鉲可做為原子爐的中子源使用，以 μg（微克）為單位販賣。是有實用價值的元素中，原子序最大的元素。

第3名的鋂亦可做為原子爐的中子源使用，用以發射中子撞擊鈽。其釋放的放射線可用在煙霧探測器、厚度計等機器上。鋂也是以很少的量為單位進行交易，如果改以kg為單位的話，價格會變得相當高。

自然界存在的元素中，最貴的是鏷。1kg的鏷價格超過2000萬日圓。1kg的純金價格也不過500萬日圓而已，可見鏷有多貴。由於鏷的自然界存量很少，再加上鏷很難與其他性質相似的元素分離、純化，所以才會那麼貴。

元素小知識

曾是高級品的鋁

對過去的人們來說，要提煉出純金屬的鋁是很困難的事，故曾有鋁的價格比黃金還要高的年代。距今約150年前，法國皇帝拿破崙3世只有在招待特別的客人時才使用鋁製餐具，一般的客人則使用黃金製的刀叉。

發現最多元素的國家

BEST 5

1. 英國 24個
2. 美國 20個
2. 瑞典 20個
4. 德國 19個
5. 法國 17個

※關於發現元素的國家，存在多種說法

新元素的發現代表研究能力的強弱

要發現新元素，必須用到當時最先進的技術與知識才行。因此，發現新元素的數目反應出了國家整體的國力。光是從發現新元素的趨勢，就可以看出國家科學能力的變遷。

至今發現最多元素的國家是英國。包括發現許多第1族、第2族元素的漢弗里·戴維，發現幾乎所有惰性氣體的威廉·拉姆齊，發現鈀、鈀等貴金屬的威廉·沃拉斯頓等等。不過英國在20世紀以後，就幾乎沒有再發現新的元素了。

第2名是美國。美國在19世紀以前不曾發現任何新元素，不過進入製造新元素的時代之後，美國發現的新元素數目急遽上升。因此美國所發現的新元素，全是85號以後的大質量元素。其中從93號到103號的元素，更是由格倫·西博格與艾伯特·吉奧索所率領的美國研究團隊獨領風騷。不過近年受到偽造事件等的各種影響，美國的新元素合成研究逐漸式微。

與美國同樣並列第2名的是瑞典。包括發現氯與錳等的卡爾·威廉·席勒，致力於發現鑭系元素的卡爾·莫桑德，發現硒與釷的永斯·貝吉里斯等，都是一些很優秀的人物。

德國成功合成出從108號到112號的元素，使他們發現的元素數目逐漸上升。也有數個以德國地名命名的元素，如32號的鍺（Germanium）源自德國拉丁文名（Germania）、108號的𨭆（Hassium）源自黑森州（Hassia）、110號的鐽（Darmstadtium）源自達姆城（Darmstadt）等。

法國除了發現許多鑭系元素，瑪麗·居禮（出身自波蘭）與她的家族的活躍，也在新元素發現的領域上貢獻良多。也有數個元素以法國的地名命名，如鎵（Gallium），源自法國古名Gallia、鎦（Lutetium），源自巴黎古名Lutetia、鍅（Francium），源自法國France等。

有元素故鄉之名的村莊

人們在瑞典的伊特比村（Ytterby）挖掘出來的礦石中，發現了許多新元素。而這些元素就以伊特比的名字取名為釔（Yttrium）、鐿（Ytterbium）、鋱（Terbium）、鉺（Erbium）。全世界只有這個地名是4種元素的名稱由來。

元素 五花八門 排行

發現最多元素的個人

BEST 5

1 艾伯特・吉奧索 **12元素**
（Am、Cm、Bk、Cf、Es、Fm、Md、No、Lr、Rf、Db、Sg）

2 格倫・西博格 **10元素**
（Pu、Am、Cm、Bk、Cf、Es、Fm、Md、No、Lr）

3 戈特弗里德・慕岑貝格 **6元素**
（Bh、Hs、Mt、Ds、Rg、Cn）

3 漢弗里・戴維 **6元素**
（Na、K、Mg、Ca、Sr、Ba）

5 卡爾・威廉・席勒 **5元素**
（Cl、Mn、Mo、Ba、W）

元素獵人們

尋找新元素的研究，必須使用那個時代的科學極限才辦得到。也因此，在號稱發現新元素的報告中，事實上有許多是錯誤的。

另外，有時也會發生不同研究者在幾乎相同的時間點發現同一個元素，導致難以決定元素的真正發現者是誰。

特別是在93號以後的元素，由於是需要很複雜的裝置才能夠由人工合成出來的元素，故大多數情況下，許多研究者會組成團隊共同研究，發現新元素時，這些化學家也共同掛名為這個元素的發現者。

第1名的吉奧索與第2名的西博格率領了美國的研究團隊，製造出94號至106號的元素。在兩人的努力下，使週期表大大地擴張。在這之後，進入了慕岑貝格（Gottfried Münzenberg）所率領的德國團隊年代，他們合成出了107號到112號的元素。

若只討論存在於自然界中的元素的話，英國的漢弗里・戴維是發現最多種類的科學家。他用電離實驗方法，從我們周遭的物質中陸續發現了新的元素。他除了發現上面列出的6種新元素外，他的研究也和鍶與氯的發現有很深的關係。另外，他也致力於一氧化碳與一氧化氮等氣體的研究、戴維燈的開發等，在許多領域中都很有成就。

接著是瑞典的卡爾・威廉・席勒。他著名的事蹟是從礦物中發現了鋇、錳，也發現了氯元素的存在。有人說氧元素也是他發現的，但他發表論文的時間晚於約瑟夫・普利斯特里，只好把氧元素的發現者之名拱手讓出。

雖然不在前5名內，不過威廉・拉姆齊也發現了4種元素。他藉由液化空氣再蒸發的方式，發現了氬、氦、氪、氖等惰性氣體。也致力於氦與氡的研究，可以說是「惰性氣體之父」。

元素小知識

成為元素名稱的西博格

106號元素鑄（Seaborgium）是以發現了許多元素的格倫・西博格（Glenn Sjöberg）之名命名的。有不少元素名稱是以科學家的名字命名，不過鑄是第1個以在世科學家命名的元素。

最危險的元素

WORST 5

1	鈽	(Pu・94)
2	釙	(Po・84)
3	氟	(F・9)
4	銫	(Cs・55)
5	汞	(Hg・80)

（筆者觀點）

拿取注意！危險的元素們

在這100種以上的元素中，存在不少極為危險的元素。不過這些元素的危害情況各有不同，難以放在同一個標準上比較，這裡僅列出取用時須特別注意的元素。

第1名的鈽在《金氏世界紀錄》中被列為「毒性最高的元素」。若人體不慎攝入，即使相當微量，其所產生的放射線也會破壞掉周圍的細胞。另外，高純度的鈽可以做為原子彈的原料。1945年8月9日在長崎投下的原子彈，就是以鈽製成的。

第2名是釙，其質量數為210的同位素是非常危險的核種。半衰期只有約138天，有著很強的放射能。只要攝取進0.67μg，也就是100萬分之1g以下的量，便足以致人於死。

氟是所有元素中，奪取其他原子之電子的力道最強的元素，幾乎和所有元素都能產生反應。要是吸進體內的話，會傷害呼吸道與其他器官，非常危險。對於化學研究者來說，氟也是一種很難處理的物質。

銫與氟相反，是所有元素中將電子塞給其他原子的力道最強的元素。純銫與水會產生爆炸性反應，也是非常危險的物質。另外，2011年的福島第一核電廠事故中，從原子爐中洩漏出來的銫137等放射性同位素也造成了很大的問題。

汞的毒性很強，要是吸進汞蒸氣的話，包括腦和內臟等身體的各個部位都會產生損傷。某些種類的細菌在攝取汞之後，可以將其轉變成毒性更強的物質——二甲基汞。距今60年前左右，日本熊本縣水俁市的工廠所排放的汞，就是導致「水俁病」的主因。

除此之外，在不同情況下，還有多種對人類來說相當危險的元素。我們需在明白這些危險性的情況下，小心進行化學研究。

元素小知識

居禮夫人的死因
發現釙與鐳的居禮夫人常在有強烈放射能的環境下工作，當時的人們還不曉得放射線的危險性，她便是因此而死亡。她的實驗筆記至今仍殘留放射線，被放在鉛箱內保管。

最不容易發現的元素

WORST 5

1 鉕（Pm・61）

2 砈（At・85）

3 鍅（Fr・87）

4 鎝（Tc・43）

5 錸（Re・75）

（筆者觀點）

讓科學家們感到棘手的元素

在發現元素的歷史中，也有不少失敗的記錄。有超過100個發現新元素的報告，在發表之後沒多久被證實是錯的，使這個元素被抹消。

以下將介紹92號以前的元素中，最晚被發現的5個元素。

第1名是鉕，於1947年被發現。事實上，這個元素並沒有穩定的同位素，因為其同位素全為放射性同位素，故在漫長的地球歷史中早已消失殆盡。人們是在處理鈾的核分裂產物時，發現了鉕這個元素。

第2名的砈是原子序85的放射性元素。這種元素也不是從自然界中發現，而是1940年時，以原子序83的鉍為材料，人工製造出來的元素。後來人們發現自然界中也存在極少量的砈，在鈾衰變、釋放出放射線的過程中，會暫時性地轉變成砈。將地球地殼中所有的砈加起來，大概也只有28g左右而已。

第3名的鍅於1939年發現。當錒釋放出含有2個質子的α粒子時，便會生成鍅。鍅是自然界中最後發現的元素，在這之後，所有新發現的元素皆為人工合成。

為了發現第4名的鎝，許多科學家對其發起挑戰，但全都失敗了，日本東北大學的小川正孝博士也是其中一位。他曾號稱發現了43號元素，並將其命名為「Nipponium」，但後來卻被認為實驗證據不足而被抹消。結果在1936年，有研究團隊以鉬為材料，用迴旋加速器製造出43號元素。鎝的名稱Technetium便有著「人工元素」的意思。

第5名的錸是在1925年時，分析鉑礦時發現的元素。在沒有放射性的穩定元素中，錸是最後一個被發現的元素。

 元素小知識

虛幻的元素名
歷史上，曾有許多科學家紛紛挑戰要發現43號元素，最後卻都失敗了。這些人曾將原子序為43的元素命名為Polinium、Ilmenium、Pelopium、Dabyum、Lucium、Nipponium等，但最後都成了虛幻的元素名。

觀察各種元素離子的顏色

觀察金屬離子化合物的顏色

原子與顏色的關係

我們周圍的物質有著各式各樣的顏色。這是因為光照到這些物質之後，物質吸收了一部分的色光，並反射其他色光到我們的眼睛內的關係。而不同顏色的光，波長不一樣，能量也不一樣。不同種類的物質，分別會吸收特定能量的光。也就是說，物質之所以會有不同顏色，就是因為不同物質對於各個波長的光的吸收比例各有不同的關係。

另一方面，由於原子大小比可見光的波長還要小很多，所以可見光會直接通過，因此我們無法看到單一原子的顏色。不過，如果大量原子聚集在一起的話，隨著元素種類、分子鍵結狀態的不同，便會吸收特定波長的光。

此時，物質會吸收哪種波長的光，取決於原子與分子之間的組合方式（鍵結方式）……或者說得更詳細一點，取決於與鍵結有關的電子狀態。因此，發生化學反應時，物質的原子、分子的組合方式會發生改變，物質的顏色也會跟著改變。

本實驗將使用各種化學藥品進行2種實驗，藉此觀察當原子、分子的組合方式改變時，顏色會如何改變。

實驗所用到的東西

實驗方法相當簡單，不過使用的藥品中，有些對人體會產生不良的影響，有些則容易與其他物質反應引起爆炸，如果是未成年人進行實驗的話，一定要有大人陪同，取用藥品、操作器材時也要特別小心。另外，實驗中可能會產生各種氣體，請注意不要吸入。

因為有些實驗會使用的試藥在市面上很難買到，可以的話，請在學校自然科老師等專業人士的指導下，使用實驗室內的各種藥品。

用具與材料

實驗 ❶
▶硫酸銅（無水粉末）　▶水　▶蒸發皿　▶滴管　▶藥匙

實驗 ❷
▶精密電子秤　▶量筒　▶燒杯　▶藥匙　▶攪拌棒　▶試管
▶滴管　▶硝酸銀水溶液（1/10 N標準溶液）　▶鹽酸　▶硫酸鈉（結晶）
▶溴化鉀　▶碘化鉀　▶鉻酸鉀　▶硝酸鉛（Ⅱ）
▶氫氧化鈉　▶氯化銀　▶硫酸銅（Ⅱ）　▶氨水（28%）

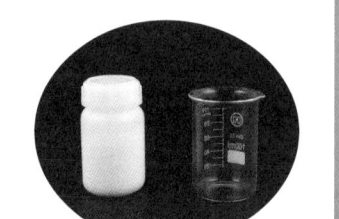

開始實驗前

請在理解、熟悉實驗之後再進行實驗。若要使用多種試藥或水溶液的話，請依不同試藥種類，分別使用不同藥匙；或者在取用一種試藥後，仔細清洗過再取用其他試藥，防止不同試藥混在一起。另外，如果硝酸銀溶液沾到皮膚和衣服的話，會留下洗不掉的黑色痕跡，實驗時請注意不要灑出。最後，無論在什麼情況下，請注意不要讓藥品沾到眼睛、不要將藥品放入口中。

實驗❶

◆觀察加水之後的離子顏色變化◆

藉由硫酸銅來觀察銅離子[*1]的顏色。

本實驗所使用的是硫酸銅（$CuSO_4$），乾燥狀態下的硫酸銅是白色粉末。硫酸銅本身並不會吸收光，故應該是透明的才對，但在漫射的作用下，看起來會是白色（透明的冰粒聚集之後會形成像雪一樣的白色也是同樣的道理）。

在硫酸銅中加入水後，1分子的硫酸銅會與5分子的水結合，形成硫酸銅（II）五水合物（$CuSO_4 \cdot 5H_2O$，或者寫成 $[Cu(H_2O)_4]SO_4 \cdot H_2O$）。這是因為硫酸銅在水中分解成銅離子（$Cu^{2+}$）與硫酸根離子（$SO_4^{2-}$），銅離子又被周圍的水分子包圍固定住（配位），才形成這樣的結構。此時，水的氧原子中，2個最外層的電子會移向銅離子，這個狀態下的電子會吸收藍光以外的光線（也就是從紅光到綠光），故我們只能看到沒有被吸收的藍光。也就是說，硫酸銅加水後會變成藍色的。

這種現象會發生在各種金屬離子中，而由於過渡金屬元素的離子吸收的光波長（光的顏色）在可見光的範圍內，故當金屬元素變成離子時，我們也可以看到顏色的變化。

隨著離子周圍物質（本例中為水）的不同，離子也會呈現出不同的顏色。譬如說3價鐵離子（Fe^{3+}）會呈現紅褐色、2價鈷離子（Co^{2+}）會呈現淡紅色、3價鉻離子（Cr^{3+}）會呈現黃色。

實驗步驟

❶ 以藥匙取1～2匙的無水硫酸銅粉末，置於蒸發皿內。

❷ 以滴管將水一滴一滴地滴在粉末上。

❸ 比較、觀察有加到水的部分和沒加到水的部分的顏色差異。

[*1] 正確來說，這個實驗所觀察到的並不是離子的真正顏色，而是離子與周圍的水等以特定形式結合時所形成的顏色。

實驗②

◆觀察金屬離子沉澱的顏色◆

使含有不同金屬離子的溶液產生化學反應，並觀察溶液中生成的沉澱物（無法溶於水的物質）的顏色。所謂的化學反應，指的是混合2種以上的物質之後，在原子、分子的層次上改變結合的方式，生成與原本不同的物質。由於原子、分子的鍵結方式與之前不同，故物質的顏色也會產生變化。

實驗步驟

觀察化學反應中金屬顏色變化的實驗非常多種。以下舉出8種相對來說比較容易操作的實驗。

準備

- 1～2 mol/L的鹽酸與氫氧化鈉水溶液、10%的氨水較方便操作。請將藥品調整成上述濃度。
- 在燒杯中溶解以下提到的試藥，並調整成適當濃度（每50mL的水中含有1g試藥）。要是無法完全溶解的話就使用其上清液。

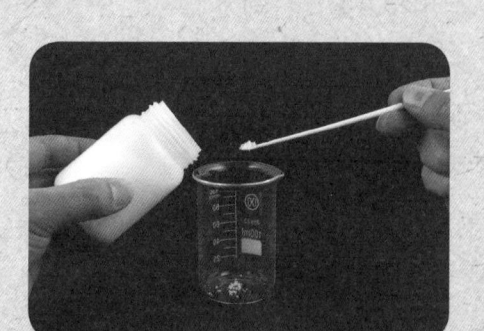

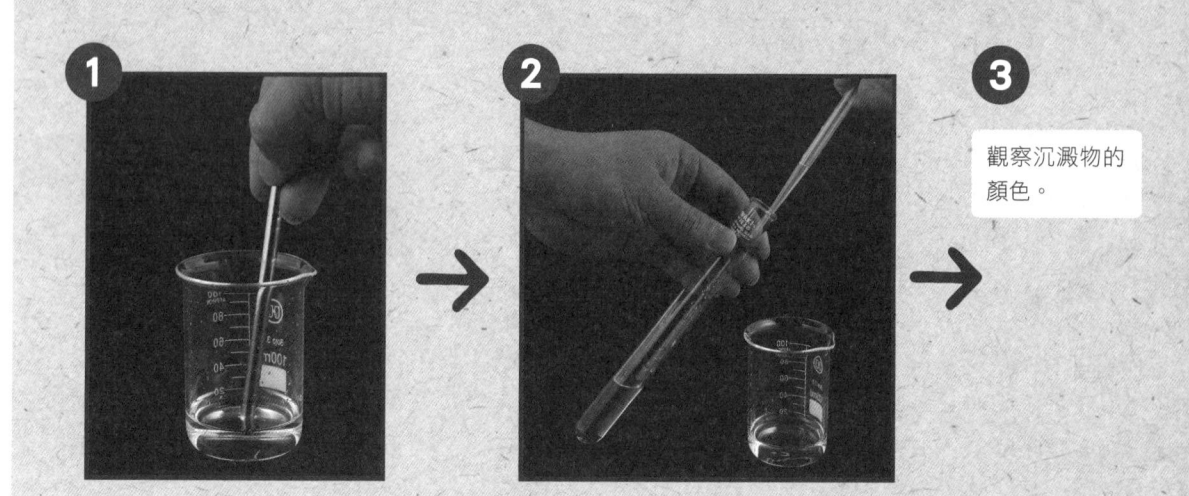

1

先在試管內加入第1種溶液。

2

以滴管吸起另外準備的第2種溶液1～2mL，逐滴加入至試管內（第116頁的實驗H中，還需加入第3種溶液）。

3

觀察沉澱物的顏色。

反應

A

在試管內加入硝酸銀水溶液，並用滴管滴入含有氯離子的水溶液（鹽酸）。

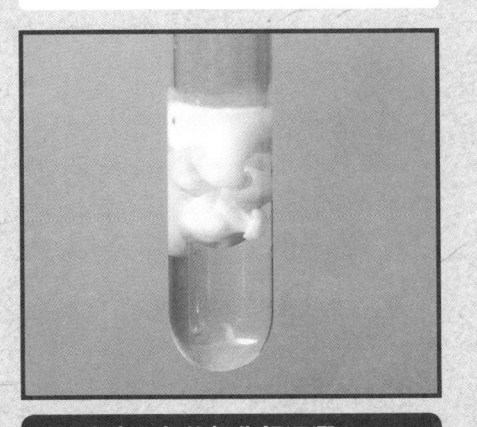

➡ 產生白色的氯化銀沉澱。

反應

B

在試管內加入硝酸銀水溶液，並用滴管滴入含有硫酸根離子的水溶液（硫酸鈉）。

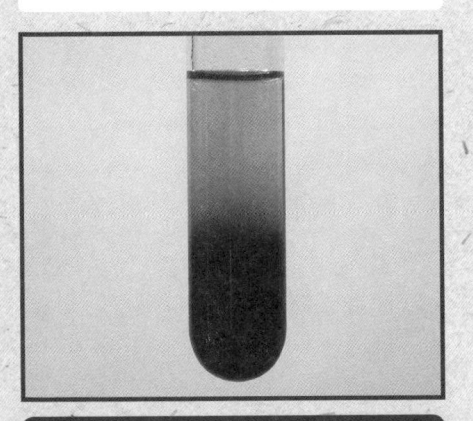

➡ 產生黑色的硫化銀沉澱。

反應

C

在試管內加入硝酸銀水溶液，並用滴管滴入含有溴離子的水溶液（溴化鉀）。

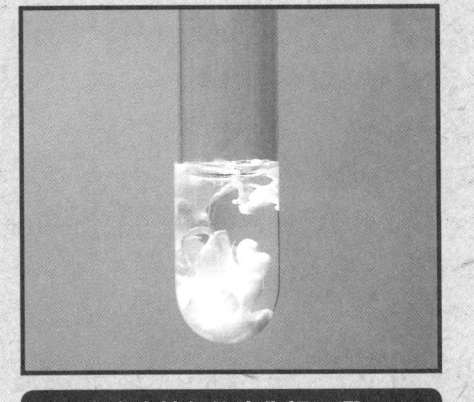

➡ 產生淡黃色的溴化銀沉澱。

反應

D

在試管內加入硝酸銀水溶液，並用滴管滴入含有碘離子的水溶液（碘化鉀）。

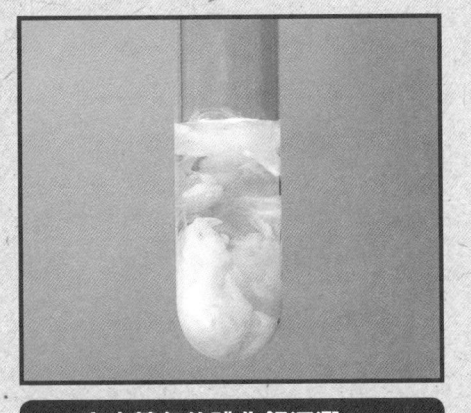

➡ 產生黃色的碘化銀沉澱。

實驗 ②

反應

E

在試管內加入硝酸銀水溶液，並用滴管滴入含有鉻酸根離子的水溶液（鉻酸鉀）。

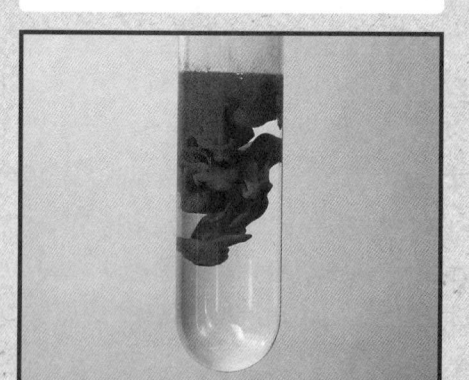

➡ 產生紅褐色的鉻酸銀沉澱。

反應

F

在試管內加入硝酸鉛（Ⅱ）水溶液，並用滴管滴入含有鉻酸根離子的水溶液（鉻酸鉀）。

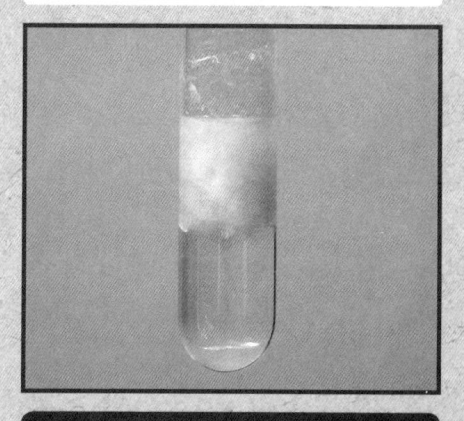

➡ 產生黃色的鉻酸鉛沉澱。

反應

G

在試管內加入含有鉻酸根離子的鉻酸鉀溶液，以滴管加入數滴氫氧化鈉水溶液，使其呈鹼性。再加入含有鋇離子的水溶液（氯化鋇）。

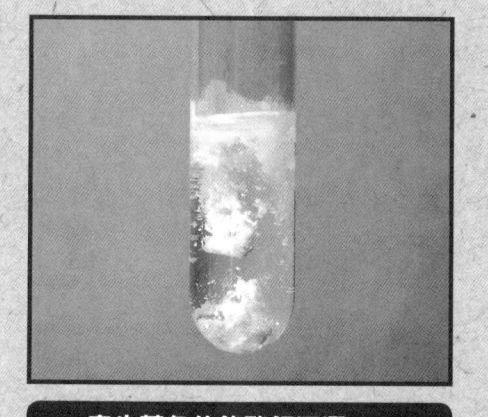

➡ 產生黃色的鉻酸鋇沉澱。

反應

H

在試管內加入硫酸銅（Ⅱ）水溶液，以滴管加入氨水（會產生沉澱）。一邊輕輕搖動試管，一邊加入氨水，直到沉澱完全溶解。再加入少量氫氧化鈉水溶液。

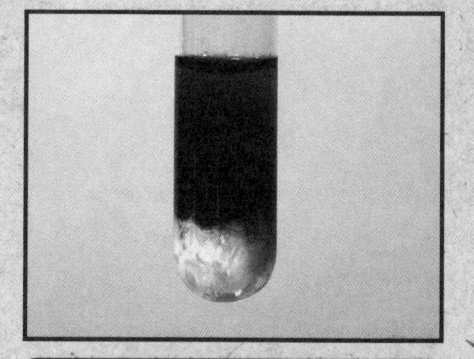

➡ 產生藍白色的氫氧化銅沉澱。

第5章
118種元素卡片圖鑑

最後，讓我們一口氣看完
118種元素的性質與介紹吧。
把它複印再裁剪的話，
就能做成卡片隨身攜帶。

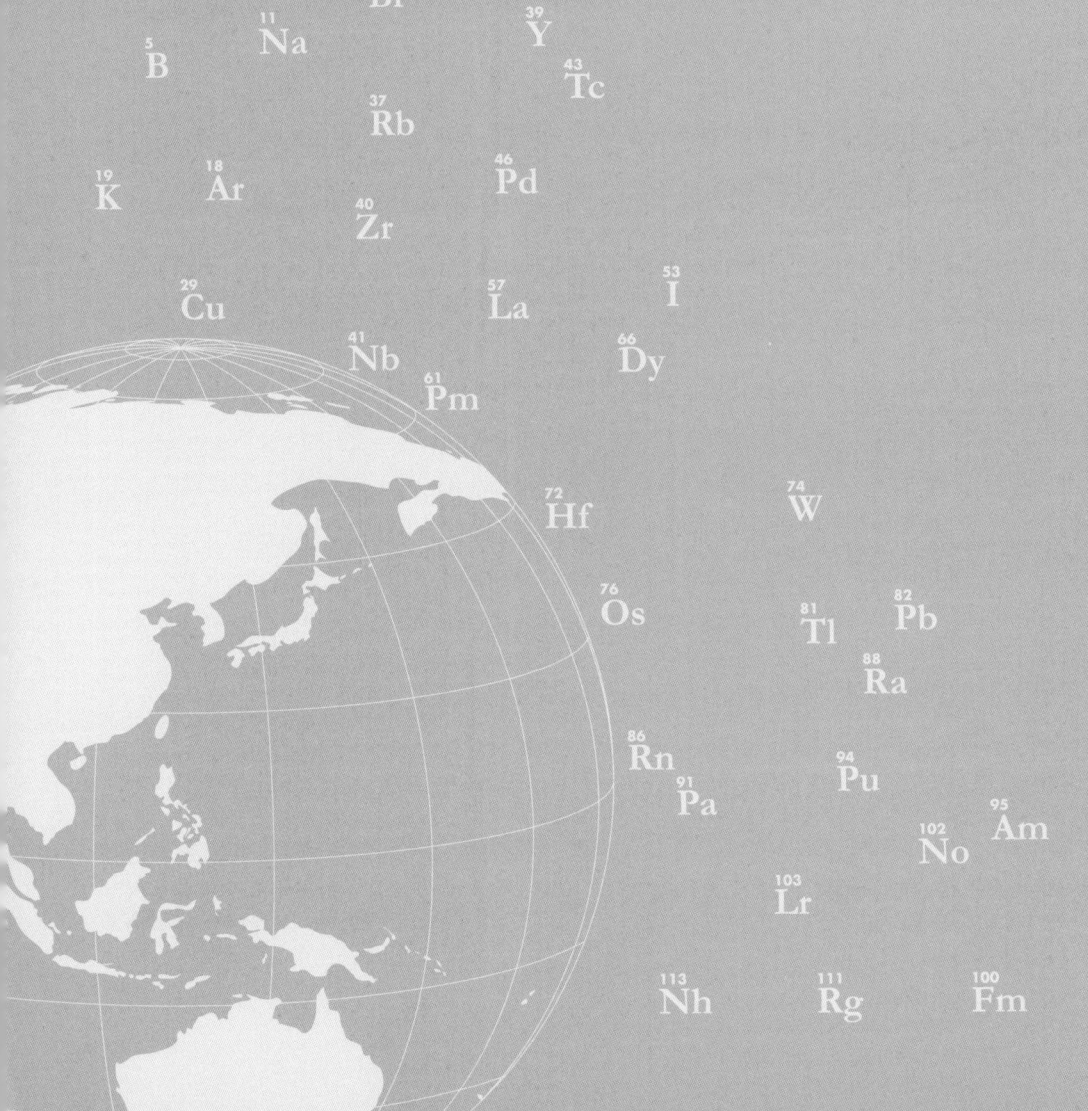

1　H　氫
Hydrogen

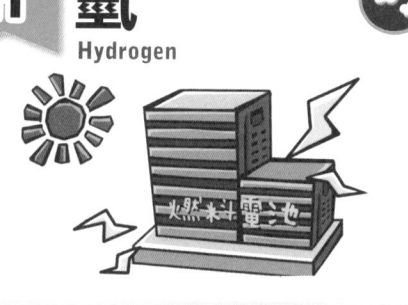

熔點 -259.14℃　沸點 -252.87℃　發現年份 1766年
發現者 卡文狄西（英國）　名稱由來 源自希臘語的hydro
（水）與genes（產生）

宇宙中第1個誕生的元素

宇宙誕生時就生成，且為含量最多的元素。太陽幾乎皆由氫組成，並可藉由氫原子核融合反應產生能量，使其發光發熱。雖是元素中最小、最輕的元素，但燃燒時可以輸出很大的能量，可做為太空火箭的燃料，且燃燒後只會得到水，可望用以製造燃料電池等，成為未來的綠色能源。

2　He　氦
Helium

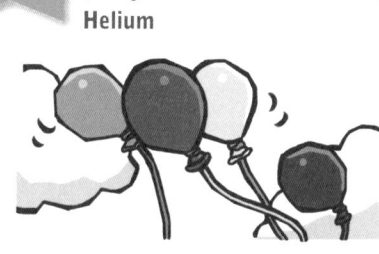

熔點 -272.2℃（加壓下）　沸點 -268.934℃
發現年份 1868年　發現者 讓森（法國）、洛克耶（英國）
名稱由來 在觀測太陽時發現這種元素，故以希臘語的helios
（太陽）命名

難以捕捉到的輕盈

僅次於氫氣，是第二輕的氣體。但與氫氣不同，很難與其他物質反應。由於安全性高，故可用在使氣球和飛行船飄浮起來。另外，沸點在所有物質中最低，因此液態氦常做為冷卻劑，用來維持醫療用MRI等會使用到的超導磁鐵所需的超低溫環境。

3　Li　鋰
Lithium

熔點 180.54℃　沸點 1347℃　發現年份 1817年
發現者 阿韋德松（瑞典）　名稱由來 發現自名為透鋰長石
（petalite）的礦物，故以希臘語的lithos（石頭）命名

最輕的次要金屬

最輕的金屬，甚至可以浮在水面上。與氫、氦等元素同是大霹靂時誕生的元素，是宇宙最古老的元素之一。地球海水中含有少量的鋰，故尚不至於匱乏。以金屬鋰做為負極的鋰電池有電壓高、質量輕、壽命長等優點，用途廣泛，從小型電子機器到家庭用電源都可以看到鋰電池的蹤影。

4　Be　鈹
Beryllium

熔點 1282℃　沸點 2970℃（加壓下）　發現年份 1797年
發現者 沃克蘭（法國）　名稱由來 在beryl（綠柱石）這種礦物中發現的，故以此命名

危險的菁英金屬

鈹被發現於名為綠柱石的礦物中，綠柱石是祖母綠與海藍寶石的原石。鈹常用做合金的材料，在銅或鎳中加入少量鈹可以增加強度及韌性，故常用於製作精密機械的零件等。不過，含有鈹的粉塵若被人體吸入的話會產生很強的毒性，操作相關化合物時需要特別小心。

  …… 氣體　…… 固體　…… 液體　※關於元素發現者，存在多種說法

5 B 硼
Boron

常溫下的狀態

| 熔點 | 2300℃ | 沸點 | 3658℃ | 發現年份 | 1808年 |

發現者 戴維（英國）　名稱由來 源自硼砂的阿拉伯語buraq（白色的東西）

活躍於我們的周圍

介於金屬與非金屬元素之間的類金屬元素之一。產於鹽湖等乾燥環境，可由名為硼砂的礦物中提煉出來。我們周遭最常看到的含硼物質是熱膨脹率很小的耐熱玻璃，以及用來驅逐蟑螂的硼酸丸等。硼酸丸的硼被蟑螂攝入體內後，會導致蟑螂產生脫水症狀，使其死亡。

6 C 碳
Carbon

常溫下的狀態

| 熔點 | 3550℃（鑽石） | 沸點 | 4800℃（鑽石、昇華） |

發現年份 ─　發現者 ─　名稱由來 源自拉丁語的carbo（木炭）

木炭和鑽石皆由碳元素組成

木炭幾乎全由碳元素構成，自古以來便常用於暖氣與灶火。鑽石與石墨的外觀與性質雖然有很大的差異，但兩者都是僅由碳元素的原子所構成，差別在於排列方式是立體結構或是平面結構。另外，碳也是構成動植物外形的重要元素之一，碳元素約佔了人類體重中的2成。

7 N 氮
Nitrogen

常溫下的狀態

| 熔點 | -209.86℃ | 沸點 | -195.8℃ | 發現年份 | 1772年 |

發現者 盧瑟福（英國）　名稱由來 源自希臘語的nitre（硝石）與genes（產生）。日語名稱「窒素」則翻譯自德語「stickstoff（使人窒息的物質）」

空氣中的含量比氧還要多

氮在宇宙中的含量極少，但在地球大氣中的含量卻相當多，若以體積計算，空氣中約8成是氮氣。另外，氮也是人類體內的重要成分之一，組成蛋白質的胺基酸內便含有氮。氮也是植物的必需養分，與磷、鉀同屬於「肥料三要素」。

8 O 氧
Oxygen

常溫下的狀態

| 熔點 | -218.4℃ | 沸點 | -182.96℃ | 發現年份 | 1774年 |

發現者 普利斯特里（英國）　名稱由來 源自希臘語的oxys（酸）與genes（產生）。然而實際上產生酸性的元素是氫，不是氧

可以讓任何東西燒起來

氧是生物不可或缺的元素，不過46億年前地球剛誕生的時候，大氣中幾乎不含任何氧。後來細菌與植物持續利用太陽光的能量製造氧氣，大約在5億年前空氣中的氧氣濃度便與現在相同。所謂的燃燒，指的就是物質與氧結合，釋放出光與熱後轉變成其他物質。

9 F 氟
Fluorine

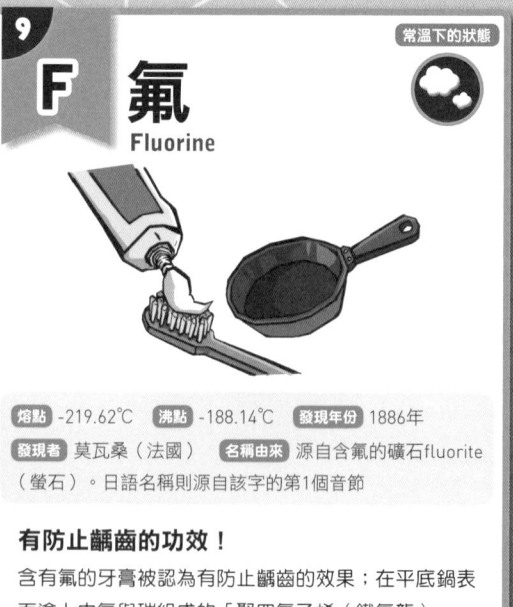

熔點 -219.62℃　沸點 -188.14℃　發現年份 1886年
發現者 莫瓦桑（法國）　名稱由來 源自含氟的礦石fluorite（螢石）。日語名稱則源自該字的第1個音節

有防止齲齒的功效！

含有氟的牙膏被認為有防止齲齒的效果；在平底鍋表面塗上由氟與碳組成的「聚四氟乙烯（鐵氟龍）」，可使食材不容易燒焦。不過，純氟本身的反應性與毒性皆非常高，在發現氟以前，就有許多化學家因為氟中毒而死亡。

10 Ne 氖
Neon

熔點 -248.67℃　沸點 -246.05℃　發現年份 1898年
發現者 拉姆齊、特拉維斯（英國）
名稱由來 源自希臘語的neos（新的）

與夜晚十分相襯的霓虹燈

無色無味，也幾乎不與其他物質產生化學反應的惰性氣體。於密封玻璃管充入少量氖氣，兩端裝上電極，再通以電壓，會產生放電現象，發出明亮的橘色光芒。若於玻璃管內側塗上螢光塗料，再混入其他氣體，便可得到多種顏色的霓虹燈。

11 Na 鈉
Sodium

熔點 97.81℃　沸點 883℃　發現年份 1807年
發現者 戴維（英國）　名稱由來 源自「碳酸鈉」的拉丁語natron。英語名稱sodium則源自阿拉伯語的suda

純鈉超危險，但某些化合物超穩定

純鈉的反應性極高，相當危險。純鈉為銀白色的金屬，像黏土般柔軟，丟入水中會浮在水面上，並產生火焰激烈燃燒。不過，肥皂和調味料等也都含有鈉，其中我們最常接觸到的就是食鹽。雖然攝取太多鹽分對身體不好，但鈉在神經傳導作用中確實扮演著重要角色。

12 Mg 鎂
Magnesium

熔點 648.8℃　沸點 1090℃　發現年份 1808年
發現者 戴維（英國）　名稱由來 源自發現相關礦石的希臘地名Magnesia（馬格尼西亞）

植物光合作用中不可或缺的元素

純鎂為質輕柔軟的金屬，燃燒時會產生刺眼光芒。鎂是植物葉綠素的核心物質，可協助光合作用順利進行，是光合作用不可或缺的元素。要是鎂的攝取不足，葉片便會枯萎，也無法開花結果。園藝領域中在配置培養土時所使用的白雲石灰（苦土石灰）便含有鎂。「苦土」指的就是氧化鎂。

13 Al 鋁
Aluminium

常溫下的狀態

| 熔點 | 660.32℃ | 沸點 | 2467℃ | 發現年份 | 1825年 |

發現者 厄斯特（丹麥） 名稱由來 源自明礬的希臘語 alumen

周圍隨處可見的輕便金屬

在我們的周圍常可看到鋁製產品，像是1圓日幣、鋁罐、鋁箔等等。腸胃藥中的「Sucralfate」就是由含鋁化合物製成。地殼中也含有豐富的鋁，在地殼中的比例為第3名，僅次於氧和矽。不過要提煉鋁卻沒那麼簡單，日本的做法是從國外進口「鋁土礦」中提煉出鋁。

14 Si 矽
Silicon

常溫下的狀態

| 熔點 | 1410℃ | 沸點 | 2355℃ | 發現年份 | 1823年 |

發現者 貝吉里斯（瑞典） 名稱由來 源自拉丁語的silex（矽石）

還好有很多

砂土中含有大量的矽元素，是地殼中含量第二多的元素，僅次於氧。自古以來，含有矽的天然礦物便會做為玻璃或陶器的原料。在最先進的科技中，矽也是太陽能電池、半導體材料中不可或缺的元素。另外，含有矽的高分子化合物「矽氧樹脂」也常被用在廚房與醫療現場。

15 P 磷
Phosphorus

常溫下的狀態

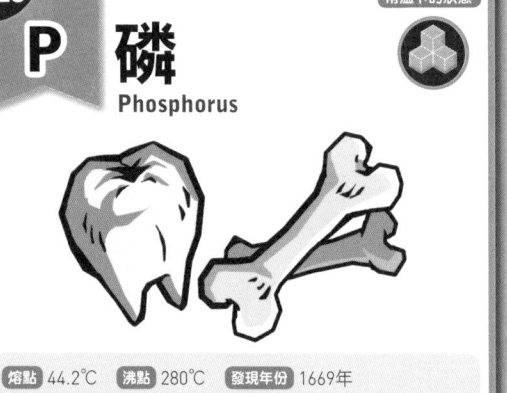

| 熔點 | 44.2℃ | 沸點 | 280℃ | 發現年份 | 1669年 |

發現者 波蘭特（德國） 名稱由來 源自希臘語的phos（光）與phoros（提供者）。日語名稱「燐」則有人的靈魂的意思

與生命息息相關的元素

人體的細胞膜、骨骼以及和生命活動密切相關的三磷酸腺苷等皆含有磷。磷是植物成長時不可或缺的元素，磷酸鹽化合物是「肥料三要素」之一。純磷相當易燃，可用於製作火柴，不過現在的火柴中，用到磷的部分並不是火柴頭，而是火柴盒側邊的摩擦面。

16 S 硫
Sulfur

常溫下的狀態

| 熔點 | 112.8℃ | 沸點 | 444.674℃ | 發現年份 | — |

發現者 — 名稱由來 源自拉丁語的sulphur（硫磺）。日語名稱lou源自「Yuou」，意為溫泉中的雜質

可在火山周圍找到

自古以來便為人類所用。過去人們會在火山地區採集硫，現在則主要提煉自石油。某些胺基酸中含有硫，可以幫助身體排出汞和鎘等有害物質。另外，若在天然橡膠內混入少許硫，可增加橡膠的彈性用以製成輪胎等產品，用途很廣。

17 Cl 氯
Chlorine

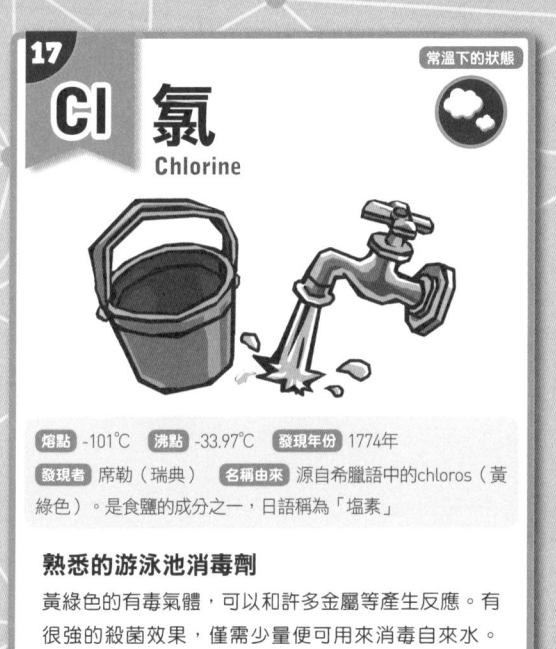

| 熔點 -101℃ | 沸點 -33.97℃ | 發現年份 1774年 |

發現者 席勒（瑞典）　名稱由來 源自希臘語中的chloros（黃綠色）。是食鹽的成分之一，日語稱為「塩素」

熟悉的游泳池消毒劑

黃綠色的有毒氣體，可以和許多金屬等產生反應。有很強的殺菌效果，僅需少量便可用來消毒自來水。為游泳池消毒時所使用的白色錠劑也是氯的化合物。「聚氯乙烯樹脂」是一種含氯的塑膠，主要來源不是石油是一大特徵，用途很廣，可製成保鮮膜與各種塑膠製品。

18 Ar 氬
Argon

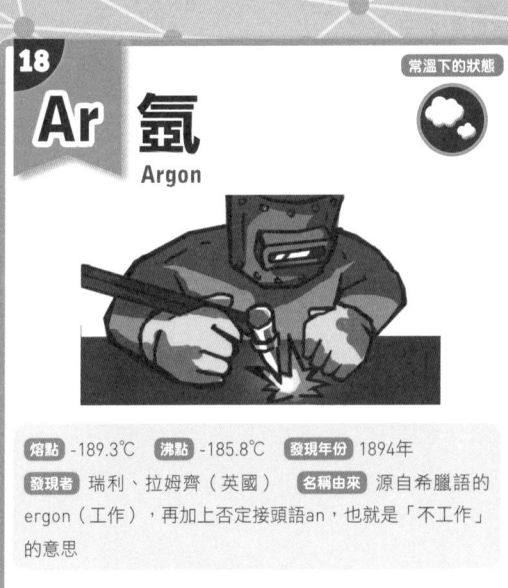

| 熔點 -189.3℃ | 沸點 -185.8℃ | 發現年份 1894年 |

發現者 瑞利、拉姆齊（英國）　名稱由來 源自希臘語的ergon（工作），再加上否定接頭語an，也就是「不工作」的意思

不工作就是最重要的工作

不會與其他物質產生化學反應的惰性氣體。空氣中含量僅少於氮氣與氧氣，是第三多的氣體，但也只有0.93％。由於不容易起反應，故可當成電弧銲接時的「保護氣體」。以氬氣噴向銲接處，可擋住空氣，防止空氣中的氧氣與銲接處的金屬產生反應。

19 K 鉀
Potassium

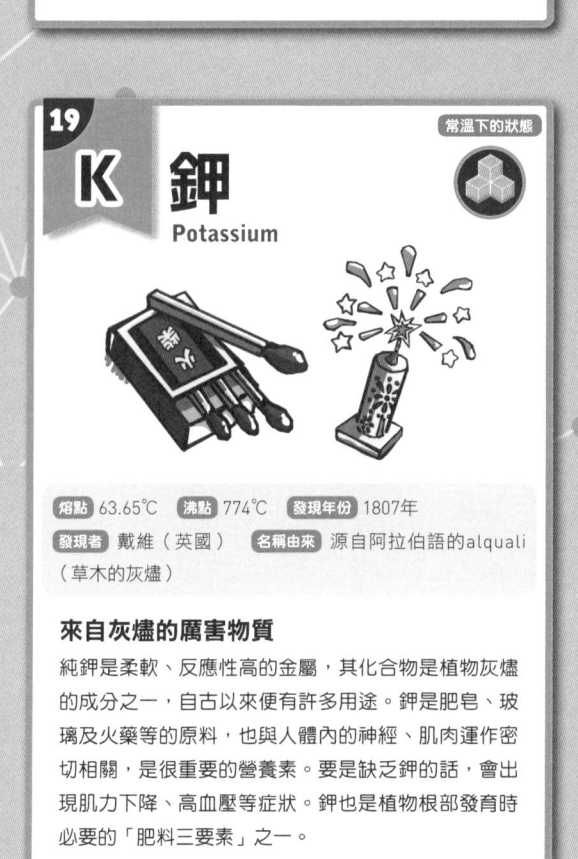

| 熔點 63.65℃ | 沸點 774℃ | 發現年份 1807年 |

發現者 戴維（英國）　名稱由來 源自阿拉伯語的alquali（草木的灰燼）

來自灰燼的厲害物質

純鉀是柔軟、反應性高的金屬，其化合物是植物灰燼的成分之一，自古以來便有許多用途。鉀是肥皂、玻璃及火藥等的原料，也與人體內的神經、肌肉運作密切相關，是很重要的營養素。要是缺乏鉀的話，會出現肌力下降、高血壓等症狀。鉀也是植物根部發育時必要的「肥料三要素」之一。

20 Ca 鈣
Calcium

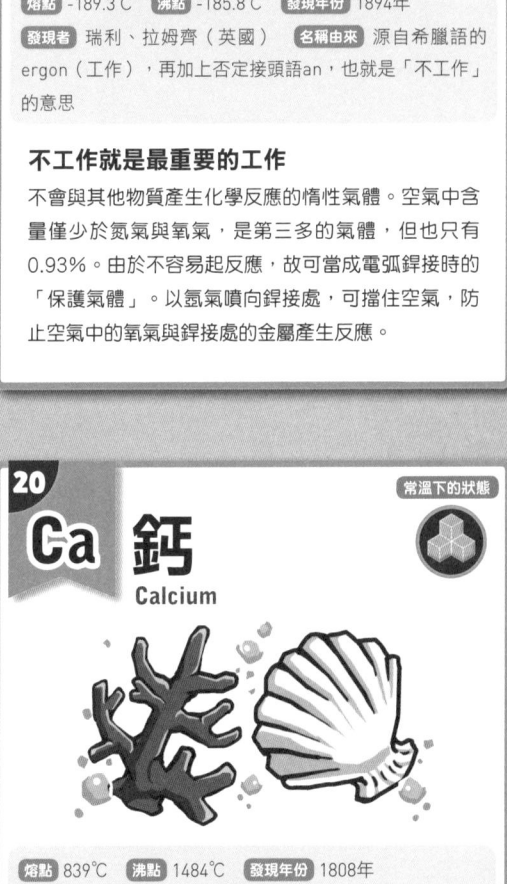

| 熔點 839℃ | 沸點 1484℃ | 發現年份 1808年 |

發現者 戴維（英國）　名稱由來 源自拉丁語的calx（石灰）

燒剩下的骨頭之真面目

純鈣是柔軟的金屬，碳酸鈣在自然界的分布很廣，普遍存在於石灰岩、大理石、貝殼及珊瑚等，其中還包括了許多古生物。鈣也是人體骨骼與牙齒的成分，是重要的營養素，要是攝取不足的話，會出現骨質疏鬆的症狀，不僅容易骨折，還會出現煩躁等精神上的症狀。

21 Sc 鈧
Scandium

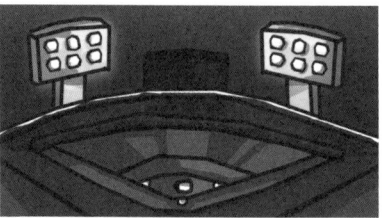

熔點 1541℃	沸點 2831℃	發現年份 1879年

發現者 尼爾松（瑞典）　名稱由來 源自瑞典所在的北歐半島——斯堪地那維亞（Scandia）

亦微量存在於溫泉中的貴重稀土元素

將鈧與碘的化合物——碘化鈧氣體，和汞蒸氣混合之後注入燈泡內，可以製成「金屬鹵素燈」。這種燈泡的特徵在於光的顏色與太陽光接近、明亮、使用壽命長等。常用於足球場、棒球場、高爾夫場等場地照明。日本曾經成功從群馬縣草津溫泉中萃取出鈧元素。

22 Ti 鈦
Titanium

熔點 1660℃	沸點 3287℃	發現年份 1791年

發現者 格雷戈爾（英國）　名稱由來 源自希臘神話中出現的Titan（巨人泰坦）

親近人類的實力派金屬

質地輕、不易氧化，還很耐熱，故常做為戰鬥機機體等的材料。地殼內含有豐富的鈦，但要加工高純度的金屬鈦並不容易，故直到近代才陸續出現金屬鈦的各種應用。鈦不容易引起過敏，所以也很適合用於人體。另外，二氧化鈦白色粉末常用於白色顏料與化妝品等。

23 V 釩
Vanadium

海鞘　　　　毒蠅傘

熔點 1887℃	沸點 3377℃	發現年份 1801年

發現者 德·里奧（墨西哥）　名稱由來 源自北歐神話中愛與美的女神Vanadis（弗蕾亞的別名）

讓鐵變得更耐用的金屬

海鞘的血液中含有大量的釩，毒蠅傘內也會累積釩。純釩為泛有藍色光澤的銀色金屬。若在鐵內混入少量的釩，能增加鐵的硬度、耐熱性，故可用於製作彈簧、各種工具、齒輪等工業製品。美國的汽車大王福特便是使用這種合金製作汽車零件，並獲得很大的成功。

24 Cr 鉻
Chromium

熔點 1860℃	沸點 2671℃	發現年份 1797年

發現者 沃克蘭（法國）　名稱由來 其化合物有多種顏色，故以希臘語的chrōma（顏色）命名之

這個光澤可不是虛有其表

堅硬的銀色金屬。鍍鉻後的金屬表面可以維持美觀的外表，也可以保護內部金屬不會生鏽。「不鏽鋼」就是鉻和鐵、鎳的合金。沒有上漆的不鏽鋼之所以不會生鏽，是因為不鏽鋼含有的鉻會與空氣反應，在表面形成透明的薄膜。另外，鉻的黃色、綠色等各色化合物可做為顏料使用。

25 Mn 錳
Manganese

(熔點) 1244℃ (沸點) 1962℃ (發現年份) 1774年
(發現者) 甘恩（瑞典） (名稱由來) 源自拉丁語的magnes（磁石）。為避免與鎂（Magnesium）混淆，故取名為Manganese

又硬又脆的金屬塊

又硬又脆的金屬。不過，如果在鐵內混入少量的錳，可以提升鐵的強度。錳乾電池的正極是二氧化錳，因而得名。但事實上，鹼性電池和鋰電池的正極也是二氧化錳。夏威夷海岸的海底堆積著許多含錳的礦石塊，這些礦石塊又被稱為「錳結核」。

26 Fe 鐵
Iron

(熔點) 1535℃ (沸點) 2750℃ (發現年份) —
(發現者) — (名稱由來) iron源自古凱爾特語「神聖的金屬」。Fe則源自拉丁語的ferrum（鐵）

要是不會生鏽的話就完美了

鐵佔了地球約3分之1的質量，是地球含量最多的物質。鐵有容易生鏽的缺點，卻是我們周遭常見的金屬之一，舉凡建築物的結構、交通工具、各種道具等，用途相當廣泛。另外，我們血液中的血紅素也含有鐵元素，負責把從肺部吸收的氧氣搬運至體內各處細胞。

27 Co 鈷
Cobalt

(熔點) 1495℃ (沸點) 2870℃ (發現年份) 1735年
(發現者) 勃蘭特（瑞典） (名稱由來) 德國傳說中，出現在山中的醜妖精Kobolt

以鈷為名的美麗顏色

以阿拉伯‧伊斯蘭文化中的彩色磁磚、日本的九谷燒為首，許多玻璃製品與顏料內都含有鈷，甚至某種美麗的藍色就被稱為「鈷藍」。鈷的某種化合物會因為天氣與溫度改變含水量，使其從水藍色轉變成粉紅色，此性質被利用來製作成美麗的裝飾品與乾燥劑。純鈷為銀白色金屬，可做為磁石與合金的材料。

28 Ni 鎳
Nickel

(熔點) 1453℃ (沸點) 2732℃ (發現年份) 1751年
(發現者) 克龍斯泰特（瑞典） (名稱由來) Nickel源自德語的銅妖Kupfernickel。因過去人們從含鎳的礦石中無法提煉出銅，便說該礦石有「銅妖」寄宿

以硬幣型態被大眾熟悉的金屬

將鎳與其他金屬混合之後，可以防止其他金屬生鏽，故廣泛用於各種合金。鎳與銅的合金稱為「白銅」，用於100圓與50圓日幣。500圓日幣中也含有鎳。以鎳與鉻的合金製成的高電阻「鎳鉻絲」容易發熱，可做為電爐或電暖爐等的材料。

29 Cu 銅 Copper

常溫下的狀態

熔點 1083.4℃　沸點 2567℃　發現年份 —

發現者 —　名稱由來 源自開採出大量銅的地中海島嶼 Cuprum（賽普勒斯島古名）

比鐵更早出現在人類的歷史中

有著紅色光澤的金屬。導電性好，因此常做為電線材料。導熱性佳，又有殺菌效果，故可製成廚具或各種廚房用品，在醫療現場等也相當活躍。混入少量的錫後便成為「青銅」，10圓日幣與奧林匹克的銅牌皆以青銅製作。隨著混合比例的不同，青銅可以分成很多種。

30 Zn 鋅 Zinc

常溫下的狀態

熔點 419.53℃　沸點 907℃　發現年份 1746年

發現者 馬格拉夫（德國）　名稱由來 在德語中，因其成品的外形被稱為zink（叉子的尖端）。日本則因為「很像鉛」，故稱為「亞鉛」，實際上和鉛沒有任何關係

乾電池中不可或缺的成分

鋅可做為鹼性電池與錳乾電池的負極。「鍍鋅鋼瓦」是一種鍍上鋅的鐵板，可製成蓄水金屬容器及建築材料，鍍鋅可保護鐵不會生鏽。「黃銅」是鋅與銅的合金，日文也寫做「真鍮」，是5圓日幣與銅管樂器的材料。銅管樂隊（Brass band）的Brass就是指黃銅。

31 Ga 鎵 Gallium

常溫下的狀態

熔點 27.78℃　沸點 2403℃　發現年份 1875年

發現者 布瓦博德蘭（法國）　名稱由來 源自法國的古拉丁語名Gallia

最有名的應用就是藍光二極體

雖然是固體金屬，熔點卻非常低，人類的體溫就足以熔化鎵。金屬元素中，熔點只比汞還要高。可與砷等材料混合製成半導體，用於手機、相機等裝置，用途很廣。其中，以鎵與氮的化合物——氮化鎵所製成的半導體，是藍光二極體的核心材料。

32 Ge 鍺 Germanium

常溫下的狀態

熔點 937.4℃　沸點 2830℃　發現年份 1885年

發現者 溫克勒（德國）　名稱由來 源自德國的拉丁文古稱 Germania

早期的電晶體材料

銀白色的類金屬元素。提出元素週期表的門得列夫曾預言其存在以及其性質。後來這種元素被發現時，其性質與門得列夫預言相同，證實了元素週期表的正確性。1950年代中期開始販賣的早期電晶體收音機，便是用鍺半導體來取代真空管的功能。

33 As 砷

Arsenic

熔點 817℃（加壓下） 沸點 616℃（昇華）

發現年份 ─ 發現者 ─ 名稱由來 日語中稱為「砒素」，源自可製成毒藥的「砒石」。英語名稱則源自希臘語

常在犯罪中使用的毒藥

純砷是有光澤的類金屬元素。無色無味，卻有很強烈的毒性。因此自古以來就常被做成毒藥，用於犯罪。另外，或許你曾經聽過，海草中的鹿尾菜含有少量的砷，但除非每天都大量食用，不然不至於會對身體造成危險。現在砷主要用於農藥、防腐劑、半導體材料等領域。

34 Se 硒

Selenium

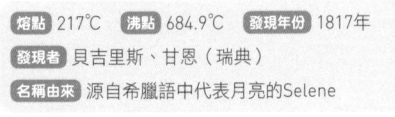

熔點 217℃ 沸點 684.9℃ 發現年份 1817年

發現者 貝吉里斯、甘恩（瑞典）

名稱由來 源自希臘語中代表月亮的Selene

紅綠燈中的紅燈是硒的顏色

非從礦物中提煉，而是取自製作硫酸及冶煉銅時的副產品。日本是世界上最大的硒出產國，雖然產量並不多。可製成玻璃的紅色著色劑，又因其有半導體的性質，故可製成各種電子零件。有一定毒性，卻是人體必要的微量元素。缺乏硒的話，身體會出現各種不適狀況。

35 Br 溴

Bromine

熔點 -7.2℃ 沸點 58.78℃ 發現年份 1826年

發現者 巴拉爾（法國） 名稱由來 其氣體會釋放出刺激性的強烈惡臭，英文名稱便源自希臘語的bromos（惡臭）

氣體狀態是超臭的劇毒

常溫下為暗紅色的液體，是不怎麼常見的元素。會與高濃度鹽水中的氯反應，巴拉爾便是藉此發現了溴。反應性雖不像氯那麼高，但卻也可以氧化多種金屬。另外，其氣體為具有刺激性臭味的劇毒。底片與相片紙皆塗有溴化銀，其英語名稱Brom是和製英語「Bromide」（肖像照）的由來。

36 Kr 氪

Krypton

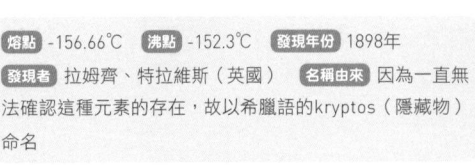

熔點 -156.66℃ 沸點 -152.3℃ 發現年份 1898年

發現者 拉姆齊、特拉維斯（英國） 名稱由來 因為一直無法確認這種元素的存在，故以希臘語的kryptos（隱藏物）命名

現在仍常用來延長燈泡壽命

幾乎不產生反應的惰性氣體之一。內部填滿氪的白熾燈泡不容易導熱，故可延長燈絲壽命。另外，因為氪氣比空氣還要重，吸入後會有和氦氣相反的效果，使聲音變得低沉。然而超人的故鄉設定在氪星只是偶然的巧合。

37 Rb 銣
Rubidium

常溫下的狀態

熔點 39.31℃　沸點 688℃　發現年份 1861年

發現者 本生、克希荷夫（德國）　名稱由來 由其發光光譜的顏色，以拉丁語的rubidus（暗紅色）命名之

從光譜中發現的元素

銀白色的柔軟金屬，有很高的反應性。可用於製作原子鐘，是GPS人造衛星定位時不可或缺的元素。每10年約誤差1秒，雖然不及銫原子鐘的數十萬年誤差1秒，但銣價格便宜許多。另外，由於會釋出放射線，且半衰期長達488億年，故可用於年代鑑定。

38 Sr 鍶
Strontium

常溫下的狀態

熔點 769℃　沸點 1384℃　發現年份 1808年

發現者 戴維（英國）　名稱由來 源自發現這種元素的蘇格蘭村莊名稱Strontian

燃燒時可為火焰上色的焰色反應

純鍶是柔軟的金屬，會與空氣和水反應。鍶在焰色反應中可產生鮮豔的紅色，可用於煙火與汽車的發焰筒。另外，鍶的性質與鈣類似，容易被身體吸收，累積在骨頭內。這也是為什麼核能發電廠事故中所洩漏出來的放射性鍶比其他元素還要危險。

39 Y 釔
Yttrium

常溫下的狀態

熔點 1522℃　沸點 3338℃　發現年份 1794年

發現者 加多林（芬蘭）　名稱由來 源自發現這種元素的瑞典伊特比村（Ytterby）

可產生強力的雷射光

從黑色礦石中取出的銀白色金屬。製作合金時若混入少量的釔，可以增加其強度，提升材料的性能。另外，由釔和鋁、氧等元素所形成的特殊結晶「釔鋁石榴石（YAG）」可產生強力雷射。這種雷射可用於研究、工業、醫療，用途相當廣泛。

40 Zr 鋯
Zirconium

常溫下的狀態

熔點 1852℃　沸點 4377℃　發現年份 1789年

發現者 克拉普羅特（德國）　名稱由來 源自發現這種元素的礦物鋯石（Zirkon）。而鋯石的名稱則源自阿拉伯語的zarqun（金色）

從原子爐到寶石飾品

純鋯是銀白色的金屬。由於鋯金屬不容易吸收中子，故以鋯為主成分的合金，可以製成原子爐燃料棒。鋯與氧的化合物「二氧化鋯」可以製成仿造鑽石，折射率與真實鑽石相當接近，從外表看不出差別。另外，二氧化鋯相當耐熱，故也用於化妝品等。

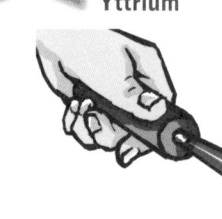

41 Nb 鈮
Niobium

熔點 2468℃　沸點 4742℃　發現年份 1801年
發現者 哈契特（英國）　名稱由來 源自希臘神話中宙斯的孫女——尼俄伯（Niobe）

可製成線型馬達內的超導體

純鈮是灰色柔軟的金屬，沒辦法直接應用。在鐵中加入少量的鈮後能提升耐熱度與抗鏽程度，可做為汽車車體、船舶、橋梁、發電廠的渦輪等產品的材料。另外，鈮與鍺、錫、鈦的合金可以製成相對高溫的超導體，JR東海的線型馬達便是用這種材質製成電磁鐵的線圈，使線型馬達能夠浮起。

42 Mo 鉬
Molybdenum

熔點 2617℃　沸點 4612℃　發現年份 1778年
發現者 席勒（瑞典）　名稱由來 其來源礦物與鉛礦相似，故以希臘語的molybdos（鉛）為其命名

使鐵變得更為堅硬

擁有調節尿酸值的功能，對人類來說是相當重要的元素。在鐵中加入少許鉬與鉻後製成的合金稱為「鉻鉬鋼」，是高級菜刀或汽車外框的常用材料。此外，也可用於齒輪、武器、飛機零件的加工。雖然比較不耐鏽蝕，但有著堅韌不易斷裂的特徵。

43 Tc 鎝
Technetium

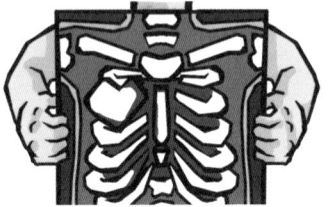

熔點 2172℃　沸點 4877℃　發現年份 1937年
發現者 塞格雷、佩里爾（義大利）　名稱由來 源自義大利語的technikos（人工的）

世界上第1個人工合成的元素

由人類製造出來的第1個元素，具有放射性。其放射線可以穿過多種物質，故可用來診斷腦血管疾病、癌症等。無法穩定存在，釋放出放射線之後便會衰變，因此雖然地球誕生時自然界應該有鎝，但現在已幾乎全部都衰變消失了。

44 Ru 釕
Ruthenium

熔點 2310℃　沸點 3900℃　發現年份 1844年
發現者 克勞斯（俄羅斯）　名稱由來 俄羅斯的古拉丁語名Ruthenia

幫助科學家獲得諾貝爾獎

可應用在電腦硬碟的記錄層部分，使硬碟的容量更大。另外，釕屬於貴金屬，外觀和性質皆與鉑相近，可做為飾品材料或者製成鋼筆筆尖，也就是所謂「nib point」的部分。野依良治博士用釕製成可以加速化學反應，且只產生目標物質的催化劑，並以此獲得2001年的諾貝爾化學獎。

45 Rh 銠 Rhodium

常溫下的狀態

| 熔點 | 1966℃ | 沸點 | 3695℃ | 發現年份 | 1803年 |

發現者 伍拉斯頓（英國） 名稱由來 因為是從薔薇色的水溶液內發現的，故以希臘語的rodeos（薔薇色）命名

鍍在貴金屬上的貴金屬

一種銀白色的堅硬貴金屬，不易氧化、對各種試藥的耐受性強為其特徵。可用於製作相機零件、或者鍍在銀等貴金屬製成的貴重飾品上。另外，也可幫助碳與氫鍵結在一起、合成醋酸等化合物，於有機合成領域的應用相當廣。粉末狀的銠可做為觸媒，清除汽車廢氣中的氮氧化物。

46 Pd 鈀 Palladium

常溫下的狀態

| 熔點 | 1552℃ | 沸點 | 3140℃ | 發現年份 | 1803年 |

發現者 伍拉斯頓（英國） 名稱由來 以1802年時發現的小行星Pallas（智神星）命名

牙醫們的御用品

多產自南非共和國與俄羅斯的貴金屬。可做為觸媒，清除汽車廢氣中的碳氫化合物與一氧化碳。另外，因為毒性很低，故可製成治療牙齒時使用的金屬材料。與金混合後可製成「鈀金」，是很受歡迎的飾品材料。可以吸收900倍以上自身體積的氫，為其一大特徵。

47 Ag 銀 Silver

常溫下的狀態

| 熔點 | 951.93℃ | 沸點 | 2212℃ | 發現年份 | — |

發現者 — 名稱由來 源自歐洲自古以來對銀的稱呼。元素符號來自拉丁語的argentum（銀），南美的阿根廷即為銀之國的意思

導電度最佳的金屬元素

自古以來便常用於製成硬幣、餐具、飾品等的貴金屬。相對較軟，延展性好，可以拉成細絲狀。是導電度最佳的金屬，廣泛用於電子學的尖端領域中。另外，銀有很好的殺菌效果，故可為洗衣機用水進行殺菌，或者製成除臭噴霧。

48 Cd 鎘 Cadmium

常溫下的狀態

| 熔點 | 321℃ | 沸點 | 765℃ | 發現年份 | 1817年 |

發現者 施特羅邁爾（德國） 名稱由來 發現自某種希臘語名稱為Kadmeia的礦物，故以此命名

從毒物轉變成電池

以鎳為正極、鎘為負極，可製成能多次充放電的充電電池。另外，鎘的化合物可以製成黃色或紅色的顏料用於繪圖，又稱為「鎘黃」。然而鎘對人體有毒性，過去曾發生過「痛痛病」等公害，便是由精鍊鎘的工廠所排放的廢水引起。

49 In 銦
Indium

熔點 156.6℃　沸點 2080℃　發現年份 1863年

發現者 賴希、里赫特（德國）　名稱由來 源自發現銦時看見的光的顏色，即拉丁語的Indigo（藍色）

過去日本也有生產

2006年時封山的北海道豐羽礦山以出產銦而聞名，過去該礦山的銦蘊藏量與產出量均曾是世界第一。現在的最大產出國為中國，不過最大消費國仍是日本。銦與氧、錫可以形成透明又導電的化合物。這種化合物可以用液晶顯示器、觸控螢幕、太陽能電池等，用途相當廣泛。

50 Sn 錫
Tin

熔點 231.97℃　沸點 2270℃　發現年份 ─

發現者 ─　名稱由來 英語名稱可能來自敲打錫時所發出的聲音。日語的「錫」則有「清新」的意思。元素符號源自於拉丁語的錫（Stannum）

「錫兵」是模型的始祖

毒性低、不容易生鏽，與其他金屬相比，熔點相對低。在鐵的表面鍍錫即成為馬口鐵，從以前就常用於罐頭及玩具等。東南亞產有許多錫，與銻等混合後可得到「白鑞」，用於製作工藝品與餐具，並輸出至世界各國。是馬來西亞常見的伴手禮。

51 Sb 銻
Antimony

熔點 630.63℃　沸點 1635℃　發現年份 ─

發現者 ─　名稱由來 有許多說法，可能源自希臘語的anti（嫌惡）、monos（孤獨）等。元素符號則來自該元素之原石的拉丁語名stibium（輝銻礦）

埃及豔后也愛用

性質介於金屬與非金屬的類金屬元素，也是次要金屬。具有毒性，數千年前就會用自然產出的銻化合物做為顏料與化妝品等，埃及豔后也會用銻化合物製成的眼影。現在常用於合金與半導體，也可做為纖維製品、紙、塑膠產品等的添加劑，使其較不易燃燒。

52 Te 碲
Tellurium

熔點 449.5℃　沸點 990℃　發現年份 1782年

發現者 米勒（奧地利）　名稱由來 因為是從礦石中取得，故以拉丁語的Tellus（大地、地球）命名

不慎吸入後，呼吸會有大蒜味

有金屬的性質，但不易導電，被分類在類金屬，也是次要金屬的一員。可用於DVD的記錄層。由於用途並沒有很廣泛，故現在還不須擔心會耗盡。主要是取自鍊銅時的副產品。有一定毒性，若不慎攝取到碲的話，呼吸會出現大蒜味。

53 I 碘 Iodine

常溫下的狀態

熔點 -113.5℃　沸點 184.3℃　發現年份 1811年

發現者 庫圖瓦（法國）　名稱由來 取自碘結晶顏色的希臘語 iodos（菫紫色）。日語名稱（Youso）則源自德語（Iod）

千葉縣底下蘊藏著大量的碘

深紫色固體。有殺菌的能力，可製成漱口藥。常見於我們周遭，如昆布等海產食品中便含有豐富的碘，對人類來說是重要的營養素之一，也是製作甲狀腺素時必要的元素。日本是世界第二的碘產出國，僅次於智利。而且，這些碘幾乎都來自千葉縣的地下水，與天然瓦斯共存。

54 Xe 氙 Xenon

常溫下的狀態

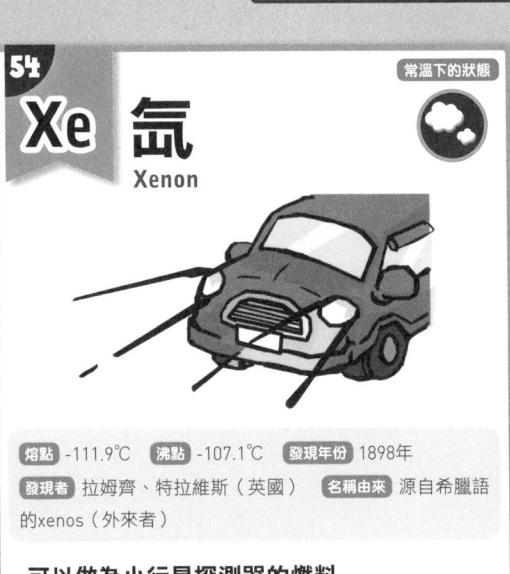

熔點 -111.9℃　沸點 -107.1℃　發現年份 1898年

發現者 拉姆齊、特拉維斯（英國）　名稱由來 源自希臘語的xenos（外來者）

可以做為小行星探測器的燃料

幾乎不會與其他元素產生反應的惰性氣體之一。氙氣燈如日光燈般，通電後即可發光，且顏色與太陽光接近，明亮、省電、壽命又長，常用做汽車和電車的頭燈。小行星探測器「隼鳥號」與「隼鳥二號」的離子引擎，其動力便來自射出帶有電荷的氙氣。

55 Cs 銫 Caesium

常溫下的狀態

熔點 28.4℃　沸點 678℃　發現年份 1860年

發現者 本生、克希荷夫（德國）　名稱由來 由發現銫時看到的光，以拉丁語的caesius（藍色）命名

指示正確時間的原子鐘

核電廠發生事故時，會洩漏出有放射性的銫，因而為人所知。自然界中亦有無放射性的銫，以金屬的形式存在。但銫容易與其他物質反應，在空氣中便會自行燃燒，與水接觸時甚至會爆炸。受電磁波照射時會產生規則性的變化，故可製成相當精準的原子鐘。國際上的「1秒」便是以銫原子鐘定義的。

56 Ba 鋇 Barium

常溫下的狀態

熔點 729℃　沸點 1637℃　發現年份 1808年

發現者 戴維（英國）　名稱由來 因為密度很大，故以希臘語的barys（重的）命名

健康檢查時會看到

銀白色的柔軟金屬。燃燒時會產生綠色光芒，故可用於製作煙火。胃部檢查時所喝下的白色液體就是硫酸鋇化合物。X光不容易穿過鋇，故X光片中可顯現出白色的胃內形狀。硫酸鋇不會溶於胃酸或水中，不會被身體吸收，但其他會溶於水中的鋇化合物含有強烈毒性。

57 La 鑭
Lanthanum

| 熔點 921℃ | 沸點 3457℃ | 發現年份 1839年 |

發現者 莫桑德爾（瑞典）　名稱由來 由於這種元素很難被發現，故以希臘語的lanthanein（隱藏）命名

做為充電電池的材料相當活躍

鑭系元素是15種性質相似的元素，而鑭則是鑭系元素的第1個元素。將鑭混進玻璃材料中，可提高玻璃的折射率，故常用於望遠鏡或相機的透鏡。另外，金屬鑭有儲存、釋放氫的能力，故鑭與鎳的合金可以製成鎳氫充電電池。在各種需要儲存氫的工具中，鑭都是不可或缺的元素。

58 Ce 鈰
Cerium

| 熔點 799℃ | 沸點 3426℃ | 發現年份 1803年 |

發現者 貝吉里斯、希辛格（瑞典）（克拉普羅特／德國）
名稱由來 源自1801年時第1個被發現的小行星名稱Ceres（穀神星）

可擋住紫外線的玻璃

鑭系元素中第1個被發現的，在我們的周遭常以二氧化鈰的形式存在。能吸收紫外線，故可製成汽車窗玻璃、吸收紫外線的顯示器，或用於化妝品等。另外，因為相當堅硬，又不容易與玻璃起化學反應，故也可做為透鏡等玻璃製品或寶石的研磨劑，用途廣泛。

59 Pr 鐠
Praseodymium

| 熔點 931℃ | 沸點 3512℃ | 發現年份 1855年 |

發現者 韋耳斯拔（奧地利）　名稱由來 與釹同時被發現。因為是綠色的，故以希臘語的prason（綠色韭菜）與didymos（雙胞胎）的組合字命名

代表色是黃綠色

純鐠是銀白色的金屬，易加工、不容易生鏽，故可用於開發高性能的磁石。另外，含有鐠的黃色粉末可以製成顏料。因為顯色較弱，通常是做為釉藥，在陶瓷已上好底色後才添加。燒製完成後可以得到黃綠色的色澤，與其他原料混合後，可以得到各種顏色。

60 Nd 釹
Neodymium

| 熔點 1021℃ | 沸點 3068℃ | 發現年份 1885年 |

發現者 韋耳斯拔（奧地利）　名稱由來 與鐠同時被發現。以希臘語的neo（新的）與didymos（雙胞胎）的組合字命名

在日本誕生的強力磁石

釹磁石是磁力最強的永久磁石，是釹、鐵、硼的合金。1984年時，日本住友特殊金屬（日立金屬）的佐川真人發明了釹磁石。缺點是脆弱且容易生鏽，一般會在表面鍍上一層鎳。理科實驗中常會用到釹磁鐵，在手機、油電混合車等現代產品中也是不可或缺的材料。

61 Pm 鉕
Promethium

常溫下的狀態

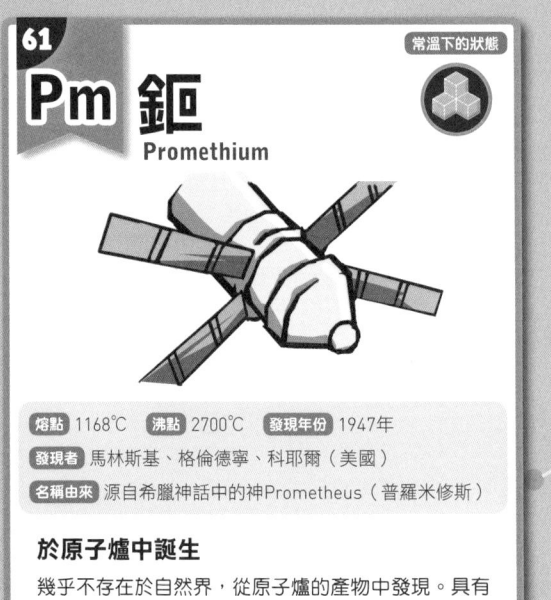

| 熔點 1168℃ | 沸點 2700℃ | 發現年份 1947年 |

發現者 馬林斯基、格倫德寧、科耶爾（美國）

名稱由來 源自希臘神話中的神Prometheus（普羅米修斯）

於原子爐中誕生

幾乎不存在於自然界，從原子爐的產物中發現。具有放射能，目前有團隊正在研究如何將鉕的放射線能量轉換成電力，製成核電池，應用於沒有光源的太空中。過去曾用於製作日光燈的啟動器與螢光塗料，但因安全性的問題，現在已不使用。

62 Sm 釤
Samarium

常溫下的狀態

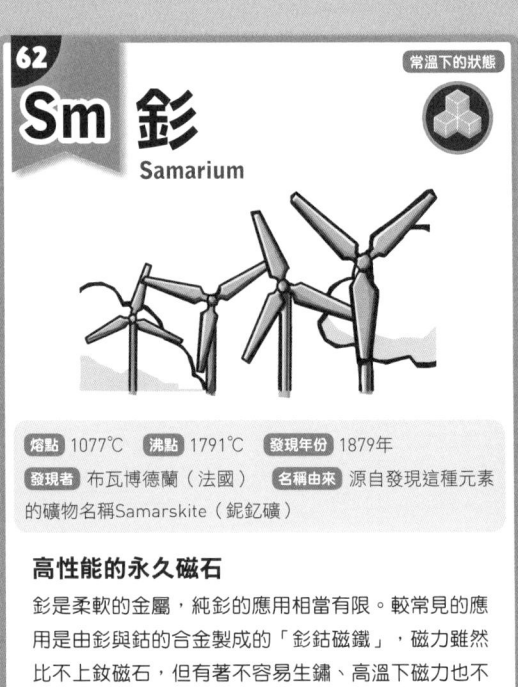

| 熔點 1077℃ | 沸點 1791℃ | 發現年份 1879年 |

發現者 布瓦博德蘭（法國）　名稱由來 源自發現這種元素的礦物名稱Samarskite（鈮釔礦）

高性能的永久磁石

釤是柔軟的金屬，純釤的應用相當有限。較常見的應用是由釤與鈷的合金製成的「釤鈷磁鐵」，磁力雖然比不上釹磁石，但有著不容易生鏽、高溫下磁力也不會衰退的優點。可用於風力發電機中產生電力的模組、麥克風等音響產品、醫療機器等。

63 Eu 銪
Europium

常溫下的狀態

| 熔點 822℃ | 沸點 1597℃ | 發現年份 1901年 |

發現者 德馬塞（法國）　名稱由來 源自Europe（歐洲）

為螢光體上色

可以製成特殊半導體，或者可將來自外界的能量轉變成光的螢光體。在用陰極射線管製成電視的年代，可做為紅色螢光體使用。在藍光二極體發明之後，可以和由銪製成的黃色螢光體混合出白光。亦可製成「三波長日光燈」，使食品呈現出接近自然光照射下的顏色。

64 Gd 釓
Gadolinium

常溫下的狀態

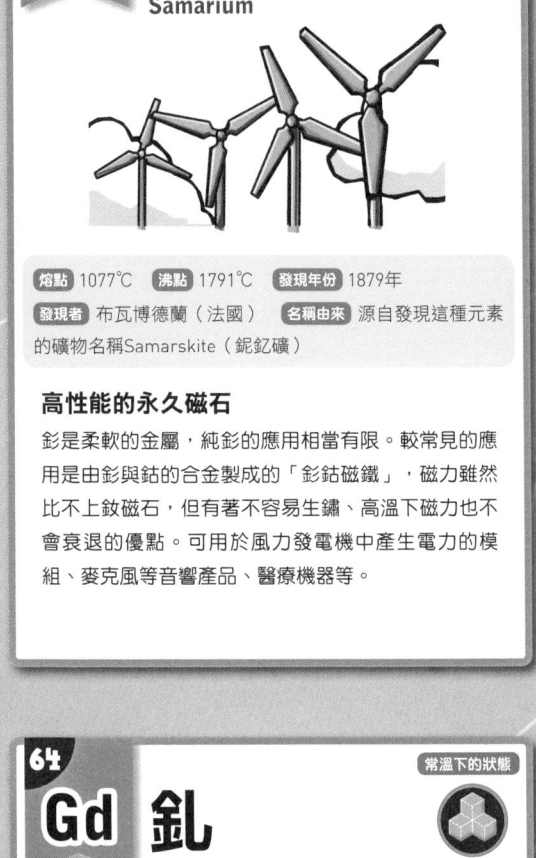

| 熔點 1313℃ | 沸點 3266℃ | 發現年份 1880年 |

發現者 馬里尼亞克（瑞士）　名稱由來 源自建立芬蘭化學基礎的加多林（Gadolin）

使MRI圖像更為清楚

純釓為銀白色金屬。醫療用MRI會以磁力檢查體內狀況，而釓的試藥可以提升MRI圖像的對比，幫助醫生進行診斷。釓在可改寫資料的磁光碟中可以放大電訊號。另外，釓可以吸收中子，故可製成原子爐的控制棒。

65 Tb 鋱
Terbium

熔點 1356℃　沸點 3123℃　發現年份 1843年

發現者 莫桑德爾（瑞典）　名稱由來 源自發現這種元素的瑞典伊特比村（Ytterby）。是4種名稱源自這個村莊的元素之一

彩色電視中的綠色

可製成陰極射線管電視中，發出綠色光的螢光體。在可改寫資料的磁光碟中，可以做為記錄資料的部分。鋱雖擁有磁石的性質，但在相對低的溫度下就會喪失這種性質。因此可以藉由雷射加熱消磁，藉此消除資料，再改寫上新的資料。

66 Dy 鏑
Dysprosium

熔點 1412℃　沸點 2562℃　發現年份 1886年

發現者 布瓦博德蘭（法國）　名稱由來 源自希臘語中的 dysprositos（難以接近、難以獲得）

補足強力磁石的弱點

在釹磁石材料中加入少許的鏑，可以補強其不耐熱的缺點。因此，在使用釹磁石做為馬達材料的油電混合車中，是不可或缺的元素。另外，因鏑能夠儲藏光能，故可取代有放射性的鐳等塗料，製成安全的蓄光性塗料，用途很廣。

67 Ho 鈥
Holmium

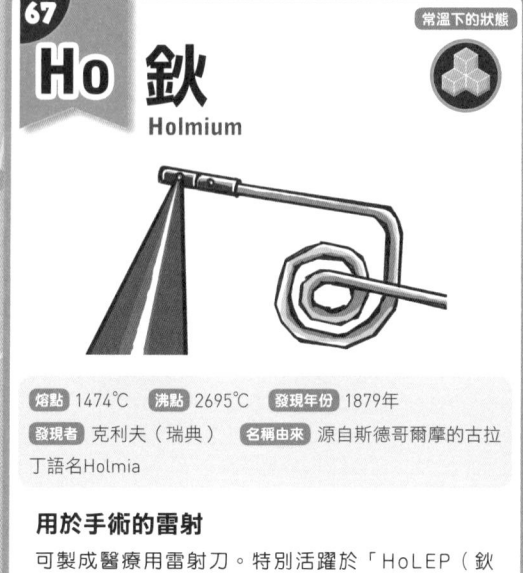

熔點 1474℃　沸點 2695℃　發現年份 1879年

發現者 克利夫（瑞典）　名稱由來 源自斯德哥爾摩的古拉丁語名Holmia

用於手術的雷射

可製成醫療用雷射刀。特別活躍於「HoLEP（鈥雷射攝護腺剝離手術）」中，這是以內視鏡進行的攝護腺肥大治療手術。與一般的電刀不同，雷射刀的特徵在於切開患部的同時，便能夠進行止血。另外，產生的熱量很小，對身體的傷害較小，故也可縮短住院期間。

68 Er 鉺
Erbium

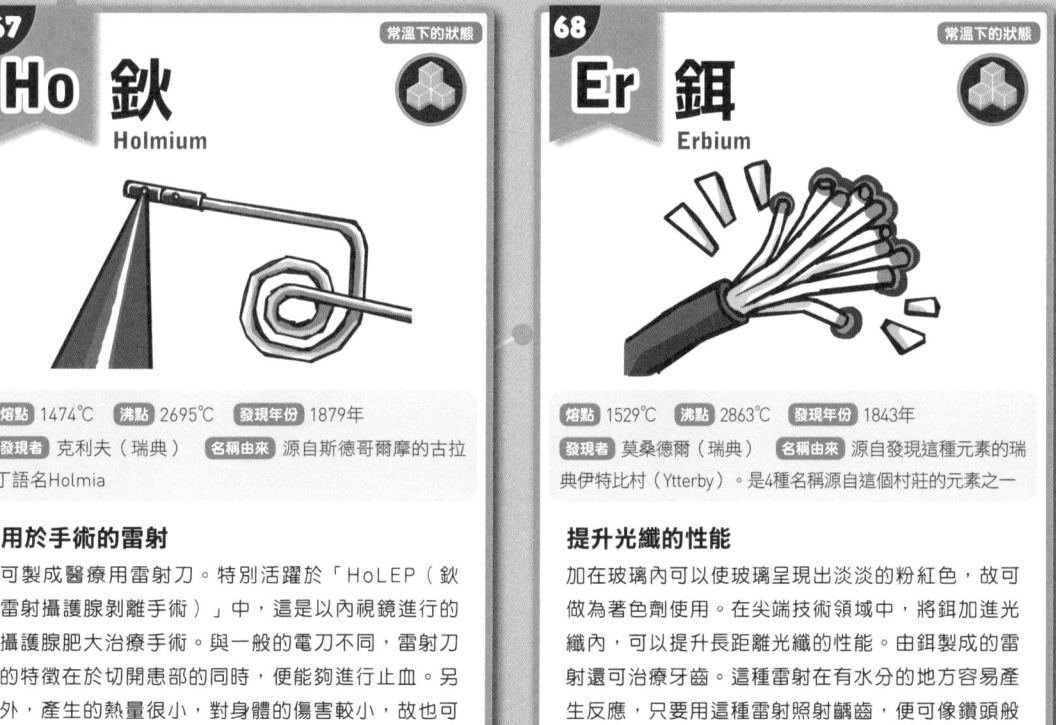

熔點 1529℃　沸點 2863℃　發現年份 1843年

發現者 莫桑德爾（瑞典）　名稱由來 源自發現這種元素的瑞典伊特比村（Ytterby）。是4種名稱源自這個村莊的元素之一

提升光纖的性能

加在玻璃內可以使玻璃呈現出淡淡的粉紅色，故可做為著色劑使用。在尖端技術領域中，將鉺加進光纖內，可以提升長距離光纖的性能。由鉺製成的雷射還可治療牙齒。這種雷射在有水分的地方容易產生反應，只要用這種雷射照射齲齒，便可像鑽頭般削去牙齒。

69 Tm 銩
Thulium

常溫下的狀態

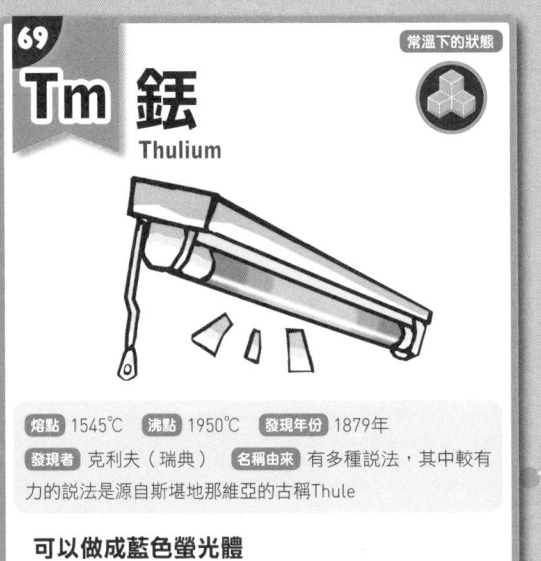

| 熔點 1545℃ | 沸點 1950℃ | 發現年份 1879年 |

發現者 克利夫（瑞典）　名稱由來 有多種說法，其中較有力的說法是源自斯堪地那維亞的古稱Thule

可以做成藍色螢光體

在硫化鋅中加入少許的銩，可以製成藍色螢光體，用於日光燈之類的裝置。另外，銩與鉺類似，可以做為長距離通訊的光纖材料。當距離拉得愈長，光的訊號就會減弱。通常我們會用訊號放大器來增強訊號，不過只要光纖內含有銩，那麼在光訊號通過時，就會有增強訊號的效果。

70 Yb 鐿
Ytterbium

常溫下的狀態

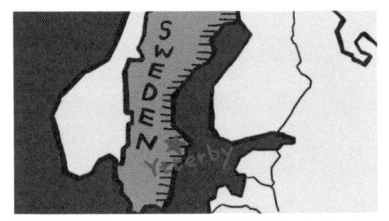

| 熔點 824℃ | 沸點 1193℃ | 發現年份 1878年 |

發現者 馬里尼亞克（瑞士）　名稱由來 是4種名稱源自Ytterby（伊特比村）之元素的最後一個

許多兄弟元素的故鄉

可製成使玻璃呈現黃綠色的著色劑，目前最受矚目的應用則是工業用雷射。除了用在金屬加工，其他材質也可以用這種雷射進行精密加工，使鐿活躍於醫療、電子、太空等領域。名稱源自伊特比村，是瑞典首都斯德哥爾摩近郊的村落，有好幾種元素就是在這個村落中發現的。

71 Lu 鎦
Lutetium

常溫下的狀態

| 熔點 1663℃ | 沸點 3395℃ | 發現年份 1907年 |

發現者 佑爾班（法國）、韋耳斯拔（奧地利）
名稱由來 源自巴黎的古拉丁語名Lutetia

可以應用在考古學領域

地殼中的蘊藏量應遠多於金和銀，然而萃取出鎦是一件很困難的事，因此產出量相當少，價格相當昂貴。純鎦是銀色且容易生鏽的金屬。存在放射性同位素，可用於測定古老岩石或來自宇宙之隕石的年代。另外，目前有團隊正在研究如何將其用於癌症的放射線治療。

72 Hf 鉿
Hafnium

常溫下的狀態

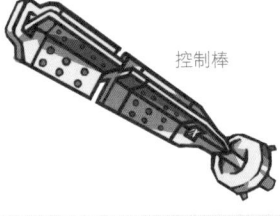
控制棒

| 熔點 2230℃ | 沸點 5197℃ | 發現年份 1923年 |

發現者 科斯特（荷蘭）、德海韋西（匈牙利）
名稱由來 源自哥本哈根的古拉丁語名Hafnia

控制核分裂

與鋯一同存在於鋯石礦物中的金屬。鉿的性質與鋯類似，不過鉿擁有吸收中子的特性，故可製成原子爐的控制棒。控制棒可以減少撞向燃料鈾的中子數目，減緩核分裂反應的進行。開採自日本岐阜縣的「苗木石」是與鋯石類似的礦物，其中也含有鉿。

73 Ta 鉭
Tantalum

熔點 2996℃　沸點 5425℃　發現年份 1802年
發現者 埃克貝格（瑞典）　名稱由來 源自希臘神話中的神
Tantalos（坦塔洛斯）

也很適合用於人體

對人體無害的金屬，在醫療領域中有很多用途，如人
工骨骼、人工牙根等的材料。另外，在電機領域中也
用於製成電容。電容是能夠蓄積電荷、調節電流的電
子零件。鉭能製成輕巧的電容，在電腦、手機等的小
型化過程中扮演著重要角色。

74 W 鎢
Tungsten

熔點 3410℃　沸點 5657℃　發現年份 1781年
發現者 席勒（瑞典）　名稱由來 將瑞典語的tungsten
（沉重的石頭）直接做為元素名稱。W則來自含鎢的礦石
wolframite（黑鎢礦）

又硬又重的堅固金屬

熔點最高、耐熱性最強的金屬。經過精細加工後，可
以製成白熾燈的燈絲。另外，鎢與鐵的合金及加入碳
的合金有很強的硬度與強度，可以製成鑽頭、各種加
工工具，甚至是大砲的砲彈等。在我們周圍的應用包
括原子筆的鋼珠、樂器的弦、飛鏢的鏢身部分等。

75 Re 錸
Rhenium

熔點 3180℃　沸點 5596℃　發現年份 1925年
發現者 諾達克、塔克、伯格（德國）等人　名稱由來 源自
發現者們家鄉的河川——Rhein（萊茵河）

真正的超合金

多做為觸媒或合金材料使用的金屬。特別是錸與鎳的
合金又被稱為「超合金」，在超高溫環境下仍有很高
的強度，故可做為火箭引擎或發電機渦輪等的材料。
產量不多，不過俄羅斯科學家曾在日本北方領土的擇
捉島上某個火山發現含有大量錸的礦物。

76 Os 鋨
Osmium

這個部分

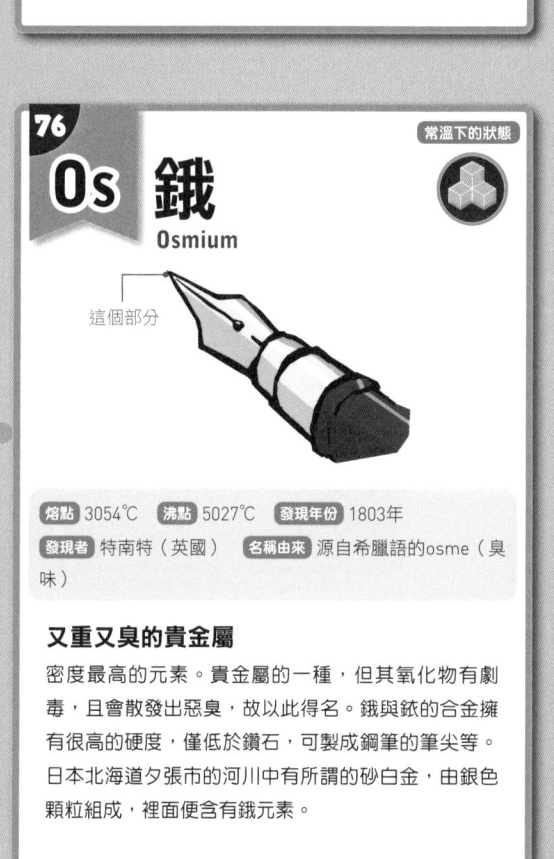

熔點 3054℃　沸點 5027℃　發現年份 1803年
發現者 特南特（英國）　名稱由來 源自希臘語的osme（臭
味）

又重又臭的貴金屬

密度最高的元素。貴金屬的一種，但其氧化物有劇
毒，且會散發出惡臭，故以此得名。鋨與銥的合金擁
有很高的硬度，僅低於鑽石，可製成鋼筆的筆尖等。
日本北海道夕張市的河川中有所謂的砂白金，由銀色
顆粒組成，裡面便含有鋨元素。

77 Ir 銥
Iridium

常溫下的狀態

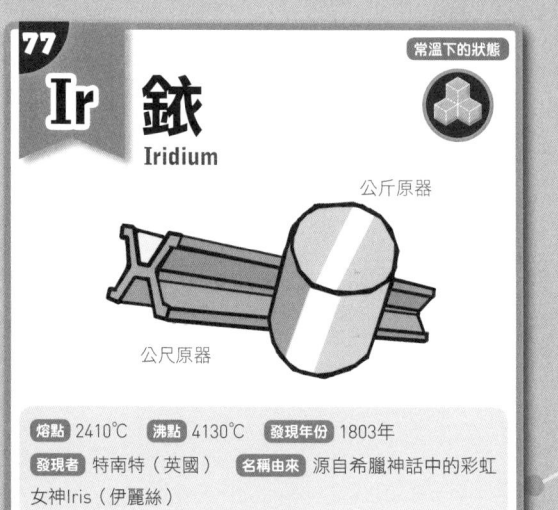

公斤原器

公尺原器

熔點 2410℃　沸點 4130℃　發現年份 1803年
發現者 特南特（英國）　名稱由來 源自希臘神話中的彩虹女神Iris（伊麗絲）

原本是公尺與公斤的標準

銥與鋨是在同一個礦物中發現的元素。銥是密度第二高的元素，屬於貴金屬，可做為飾品材料。是最難被氧化的金屬，連王水這種強酸都幾乎無法溶解它。由於銥不容易受到環境影響，制定國際標準的單位便以90%鉑與10%銥的合金，製成公尺原器與公斤原器，做為長度與質量的標準。

78 Pt 鉑
Platinum

常溫下的狀態

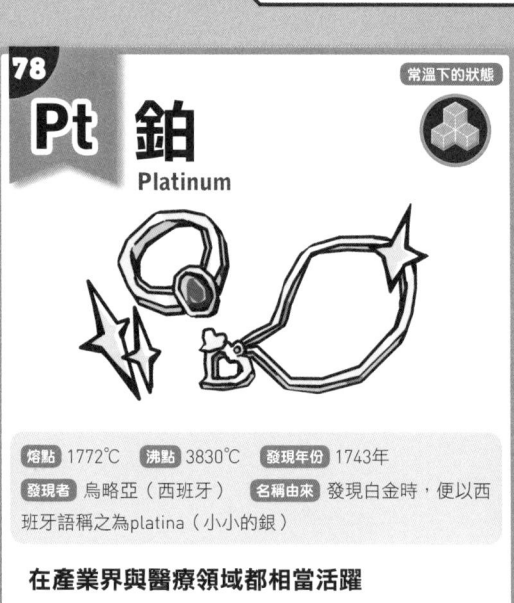

熔點 1772℃　沸點 3830℃　發現年份 1743年
發現者 烏略亞（西班牙）　名稱由來 發現白金時，便以西班牙語稱之為platina（小小的銀）

在產業界與醫療領域都相當活躍

做為一種貴金屬，由鉑製成的飾品極具魅力、引人注目，不過鉑在其他領域中也相當活躍。鉑可以做為觸媒，利用氧與氫將一種物質轉變成另一種物質。因此可以用來清除汽車廢氣中的有害成分。另外，醫療領域中也會用鉑的化合物製成抗癌劑。

79 Au 金
Gold

常溫下的狀態

熔點 1064.43℃　沸點 2807℃　發現年份 —
發現者 —　名稱由來 英語名稱為自古以來對金的稱呼。Au來自拉丁語的aurum（太陽光）。「金」則是埋在土中之砂金的象形字

古今皆受到人們的喜愛

自古以來，黃金與其飾品在全世界都是財富與權力的象徵。黃金可以延展及進行精密加工，常用來製成佛像、建築物、工藝品等。另外，黃金也是各種電器及電子產品中必備的材料。金屬材料鍍金之後可以提升導電度，又不容易生鏽，很適合用於精密產品。

80 Hg 汞
Mercury

常溫下的狀態

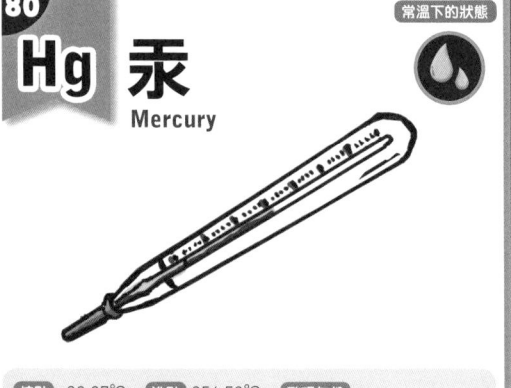

熔點 -38.87℃　沸點 356.58℃　發現年份 —
發現者 —　名稱由來 英語名稱來自羅馬神話中的神Mercurius（墨丘利）。Hg則源自古希臘語及拉丁語的稱呼

不可思議的液體金屬

唯一在常溫下是液體的金屬。可用於體溫計、氣壓計、日光燈、水銀燈等產品。毒性很強，也是1950年代中期發生於日本熊本縣「水俁病」的原因，在這之後新潟縣與其他國家也曾發生過。考慮到對環境的汙染，近年來已較少出現在我們的周遭。據說過去為奈良東大寺的大佛鍍金時，就曾用過大量的汞。

81 Tl 鉈 Thallium

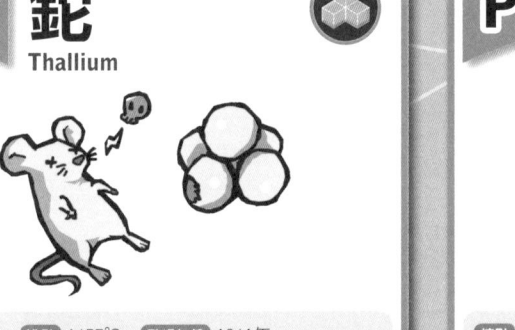

熔點 304℃　沸點 1457℃　發現年份 1861年

發現者 克魯克斯（英國）、拉米（法國）　名稱由來 會發出綠色光線，故以希臘語的thallos（新綠嫩枝）命名

也會用於犯罪的毒藥

相當柔軟的金屬。有很強的毒性，與硫酸的化合物可以用於驅逐老鼠與其他害蟲。不過，因為可能會被用於殺人，故現在禁止使用。近年來的心臟病或癌症檢查中，會使用有放射性的鉈。將少量的鉈注入靜脈內，再測量其放射線強度，便可了解患部的血流情形，有助於診斷病症。

82 Pb 鉛 Lead

常溫下的狀態

熔點 327.5℃　沸點 1740℃　發現年份 —

發現者 —　名稱由來 日語稱其為「namari」，有柔軟金屬的意思。Pb則源自拉丁語的plumbum（鉛）

常見的有毒物質，需特別注意

自古以來便廣為人知的金屬之一。過去曾被用在化妝品、顏料、水管等，但因為有很強的毒性，現今已幾乎不再使用。現在可以用來提升玻璃的透明度、製成釣魚用的鉛錘、汽車用的電池等。另外，因鉛可以阻擋放射線，故可製成遮蔽放射線的材料。

83 Bi 鉍 Bismuth

常溫下的狀態

熔點 271.3℃　沸點 1610℃　發現年份 —

發現者 —　名稱由來 源自阿拉伯語的wissmaja（馬上就會熔化的金屬），但此外還有多種說法

可做為腸胃藥使用的溫和金屬

銀白色金屬。在相對低的溫度下便會熔化，並形成美麗的結晶。其合金的熔點低，故可製成氣瓶的安全閥或火災警報器等。外觀與性質和鉛十分相似，不過對人體無毒性。除了取代鉛製成焊料等產品，也可製成腸胃藥使用，是日本藥局的常見藥物。

84 Po 釙 Polonium

常溫下的狀態

熔點 254℃　沸點 962℃　發現年份 1898年

發現者 居禮夫婦（法國）　名稱由來 源自居禮夫人的祖國Poland（波蘭）

名稱充滿了對祖國的愛

居禮夫婦第1個發現的放射性元素。他們發現的量非常少，卻釋放出可確認到的強烈放射線。釋放出放射線的同時也會產生熱，這種現象可以用於人造衛星的核電池。另外，釙的強力放射線也曾被用來當做暗殺的方式。

85 At 砈
Astatine

常溫下的狀態

熔點 302℃　沸點 —　發現年份 1940年

發現者 科爾森、麥肯西（美國）等人　名稱由來 源自希臘語的astatos（不穩定）

世界第一不穩定的元素

以鉍為材料，使用迴旋加速器以人工製造出來的元素。自然界中也存在少量的砈，是含量最少的元素。會釋放出有害細胞的強力放射線，但半衰期很短，半衰期最長的核種也只有8小時左右。目前有團隊正在研究如何利用這種性質，以砈的放射線照射癌細胞治療癌症。

86 Rn 氡
Radon

常溫下的狀態

熔點 -71℃　沸點 -61.8℃　發現年份 1900年

發現者 道恩（德國）　名稱由來 源自其衰變前的元素Radium（鐳）

氡溫泉的效果仍是未知數

鐳在釋放出放射線後便會衰變成氡，是無色無味、具有放射性的沉重氣體。在地底下與空氣中皆含有極少量的氡，有些溫泉中亦溶有氡。有人說泡氡溫泉可以促進健康，但這只是基於經驗的感想。各大博物館所展示的雲室，大多是以氡做為放射線源。

87 Fr 鍅
Francium

常溫下的狀態

熔點 —　沸點 —　發現年份 1939年

發現者 佩里（法國）　名稱由來 源自發現者的祖國名稱France（法國）

獻給法國的發現

存在於自然界的元素中，最後一個被發現的元素。自然界中含量極少，僅多於砈。鍅擁有很強的放射性，半衰期最長的鍅也只有22分鐘，衰變後會變成氡。因此目前人們仍不曉得其詳細性質。發現者佩里是位女性物理學家，她曾在巴黎索邦大學的居禮研究所工作過，是瑪麗·居禮的助手。

88 Ra 鐳
Radium

常溫下的狀態

熔點 700℃　沸點 1140℃　發現年份 1898年

發現者 居禮夫婦（法國）　名稱由來 源自拉丁語的radius（放射線）

放射線這個字的來源

由居禮夫婦所發現的第2個元素。有很強的放射性。居禮夫婦花了近4年，從數噸名為「瀝青鈾礦」的鈾礦中萃取出來的鐳，僅有不到1茶匙的量。過去鐳曾做成螢光塗料塗在時鐘鐘面等，醫療領域也會用鐳的放射線來治療癌症等，不過現在已不再使用鐳。

89 Ac 錒
Actinium

常溫下的狀態

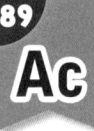

| 熔點 | 1050℃ | 沸點 | 3200℃ | 發現年份 | 1899年 |

| 發現者 | 德比埃爾內（法國） | 名稱由來 | 源自希臘語的actis（光線） |

會發光的放射性元素

15種錒系元素中的第1個元素。柔軟呈白色光澤的金屬，卻擁有比鐳還要強的放射性。在暗處會發出藍白色光芒，為其一大特徵。化學性質與鑭接近。在居禮夫婦成功萃取出釙與鐳的隔年，與居禮夫婦熟識的化學家德比埃爾內，也在「瀝青鈾礦」內發現了錒。

90 Th 釷
Thorium

常溫下的狀態

| 熔點 | 1750℃ | 沸點 | 4790℃ | 發現年份 | 1828年 |

| 發現者 | 貝吉里斯（瑞典） | 名稱由來 | 源自於發現這種元素的thorite（釷石）。Thorite則來自北歐神話中的神Thor（索爾） |

近在你我身邊的放射線

從名為「釷石」的礦物中萃取出來的元素，之後在瑪麗‧居禮等人的研究下，了解到釷具有放射性。釷是地表含量最多的錒系元素，目前有團隊正在研究如何將其製成原子爐燃料。其氧化物有很高的熔點，加熱後會釋出白色強光，故可製成瓦斯燈或者是提燈的燈芯。

91 Pa 鏷
Protactinium

常溫下的狀態

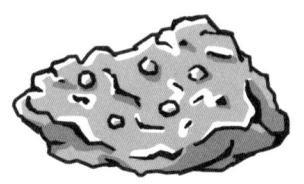

| 熔點 | 1840℃ | 沸點 | — | 發現年份 | 1918年 |

| 發現者 | 哈恩（德國）、邁特納（奧地利） | 名稱由來 | 源自於希臘語的protos（最初的），再加上錒的Actinium |

終將成為錒

在瀝青鈾礦中發現的元素，純鏷為有白色光澤的金屬，會在釋放出放射線之後，衰變成錒。其放射線很強，有很高的危險性，故幾乎只做為研究用。鏷也可用來測定海底錳結核的年代。自然界的產量相當稀少，只能以人工方式製造，或者從使用後的核廢料中萃取出來。

92 U 鈾
Uranium

常溫下的狀態

| 熔點 | 1132.3℃ | 沸點 | 3745℃ | 發現年份 | 1789年 |

| 發現者 | 克拉普羅特（德國） | 名稱由來 | 源自於1781年時發現的行星Uranus（天王星） |

用於製造廣島原子彈

第1個發現的放射性元素。除了可以從礦石中提煉，海水中也含有微量的鈾。以中子撞擊鈾原子核時，會引發核分裂反應，產生龐大的能量。這種現象可以用於核能發電與原子彈。過去曾製成著色劑，使玻璃發出綠色螢光。現在的用途則僅限於核燃料。

93 Np 錼
Neptunium

常溫下的狀態

熔點 640℃　沸點 3900℃　發現年份 1940年

發現者 麥克米倫、艾貝爾森（美國）　名稱由來 因為是鈾的下一個元素，故以天王星外側的行星Neptune（海王星）命名

第1個超鈾元素

以鈾為原料人工製成的元素。在第二次世界大戰之前，日本也曾研究過如何製造錼。過去科學家們曾認為錼只能以人工方式製造出來，不過後來卻發現自然界也存在著極少量的錼。錼以後的元素皆為僅能以人工方式製造的「超鈾元素」，且都有放射性。

94 Pu 鈽
Plutonium

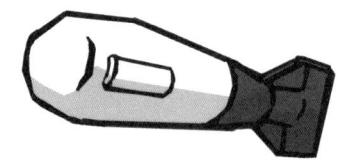

常溫下的狀態

熔點 641℃　沸點 3232℃　發現年份 1940年

發現者 西博格、麥克米倫、甘迺迪、歐（美國）等人

名稱由來 因為是錼的下一個元素，故以海王星外側的行星Pluto（冥王星）命名

核子武器的捷徑

鈽是有強力放射性與毒性的元素，能以鈾為原料人工製成。在廣島爆炸的原子彈是鈾原子彈，在長崎爆炸的則是鈽原子彈。濃縮方式比鈾還要簡單，且只要鈾一半的量就能製成原子彈。鈽熱中子爐計畫是將核廢料取出再處理，重新製成核燃料的方案。

95 Am 鋂
Americium

常溫下的狀態

離子式煙霧探測器

熔點 1172℃　沸點 2607℃　發現年份 1945年

發現者 西博格、詹姆斯、摩根、吉奧索（美國）等人

名稱由來 在週期表中位於銪（源自Europe）的正下方，故以America（美洲）命名

以美洲為名的放射性物質

在原子爐內，以鈽為原料人工製成的元素，是具放射性的銀白色金屬。其放射線所造成的電荷變化可以用來探測煙霧，製成離子式煙霧探測器。日本現在已經不製造這類含有放射性物質的煙霧探測器，但坊間仍有過去留下來的產品，製造商正在想辦法回收。

96 Cm 鋦
Curium

常溫下的狀態

熔點 1340℃　沸點 —　發現年份 1944年

發現者 西博格、詹姆斯、吉奧索（美國）等人

名稱由來 以居禮夫婦的姓Curie命名

表達對居禮夫婦的敬意

以鈽為原料人工製成的元素，是種有放射性、具銀白色光澤的金屬。可以製成核電池，月球探查火箭便搭載了這種電池。另外，美國NASA送往火星的探查車在始於2012年進行的調查工作中，便經常使用某些會用到鋦的裝置，藉此詳細調查火星表面的土壤與岩石等。

97 Bk 鉳
Berkelium

熔點 1047℃　沸點 —　發現年份 1949年

發現者 湯普森、吉奧索、西博格（美國）等人

名稱由來 源自加州大學柏克萊分校所在的柏克萊市 Berkeley

在柏克萊分校誕生的元素們

有強烈放射性的人工製造元素。由於只能製造出極少的量，故除了知道它是銀色金屬以外，難以得知其詳細性質。目前所有的鉳都用於基礎研究，暫無實際應用。包括鉳在內，許多元素都誕生自加州大學柏克萊分校。

98 Cf 鉲
Californium

熔點 900℃　沸點 —　發現年份 1949年

發現者 湯普森、史崔特、吉奧索、西博格（美國）等人

名稱由來 於加州大學柏克萊分校發現，便以該校所在的 California（加州）命名

可做為中子輻射源

有放射性的人工製造元素。會自發性地產生核分裂，可以做為中子輻射源，應用於原子爐反應，也可以用來進行「非破壞檢測」。所謂的非破壞檢測，是以放射線照射混凝土或鋼筋等，在沒有破壞目標的情況下，檢測內部結構的技術。

99 Es 鑀
Einsteinium

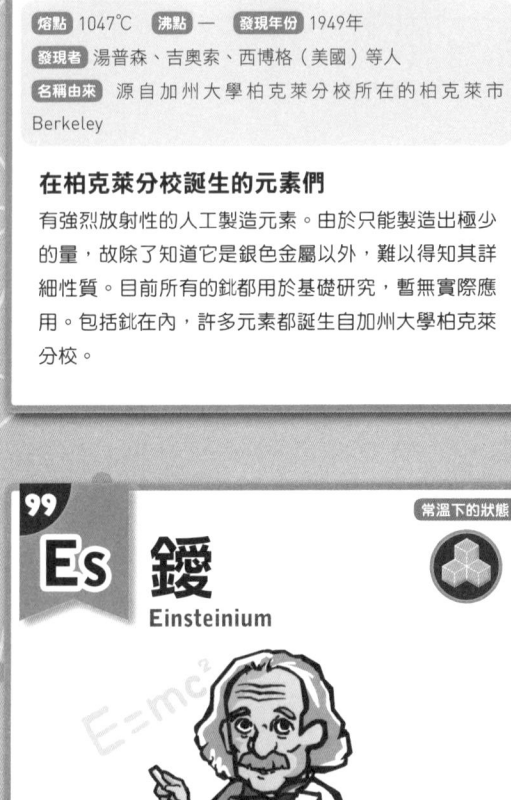

熔點 860℃　沸點 —　發現年份 1952年

發現者 西博格（美國）等人　名稱由來 源自物理學家 Einstein（愛因斯坦）

以偉大的物理學家為名

美國在1952年時進行世界首次氫彈試爆，之後從「放射性落塵」中發現了這種具有放射性的元素。現在則是從原子爐中取出鑀，並依研究需求將鑀與其他元素混合，製成各種材料。愛因斯坦於晚年時致力於消滅核子武器而奔走世界。

100 Fm 鐨
Fermium

熔點 —　沸點 —　發現年份 1952年

發現者 西博格（美國）等人　名稱由來 源自義大利的物理學家 Fermi（費米）

義大利的大博士

與鑀一樣，是在氫彈試爆時的落塵中發現的放射性元素。由於實驗是軍事機密，故一直到1955年才公開發現新元素的報告。鐨這個名字源自於物理學家費米，他的妻子是猶太人，使他受到納粹的迫害而逃離義大利。他獲得諾貝爾獎時人在美國，後來製作出世界第1個原子爐。

101 Md 鍆
Mendelevium

| 熔點 — | 沸點 — | 發現年份 1955年 |

發現者 哈維（英國）、吉奧索、蕭平、湯普森、西博格（美國）等人　名稱由來 創立元素週期表的俄羅斯化學家Mendeleev（門得列夫）

週期表的創始者

人工製造的放射性元素。由於只能製造出極少的量，故難以得知其詳細性質。門得列夫不僅創立元素週期表，還預言了多種尚未發現元素的存在。1906年時是諾貝爾獎的熱門人選之一，最後卻未獲獎，並在隔年去世。

102 No 鍩
Nobelium

| 熔點 — | 沸點 — | 發現年份 1958年 |

發現者 吉奧索、史格蘭、西博格（美國）等人　名稱由來 源自瑞典的化學家Nobel（諾貝爾）

諾貝爾獎的創立者

人工製造的放射性元素。瑞典的國際研究團隊、美國的加州州立大學團隊、蘇聯（俄羅斯）的團隊等，幾乎在同一個時間發表了發現鍩的報告。經過這些團隊的討論後，確定發現者為美國的團隊，並使用瑞典的化學家為元素命名。

103 Lr 鐒
Lawrencium

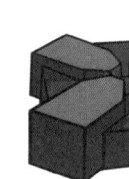

迴旋加速器

| 熔點 — | 沸點 — | 發現年份 1961年 |

發現者 吉奧索（美國）等人
名稱由來 源自美國的物理學家Lawrence（勞倫斯）

迴旋加速器的發明者

15種鋼系元素中的最後一個。加州州立大學的團隊利用重離子線性加速器，以鉲與硼為原料製成。雖然知道它有放射性，但由於只能製造出極少的量，故難以得知其詳細性質。勞倫斯是發明了迴旋加速器的物理學家。

104 Rf 鑪
Rutherfordium

| 熔點 — | 沸點 — | 發現年份 1969年 |

發現者 吉奧索（美國）等人　名稱由來 源自對物理學與化學發展有很大貢獻的Rutherford（拉塞福）

最終被判定是由美國發現

蘇聯（俄羅斯）與美國的研究團隊同時發表了發現鑪的報告，最後IUPAC認定是由美國團隊發現了鑪。雙方團隊對於新元素名稱的意見也不一致，直到1997年時才達成決議。拉塞福是紐西蘭出身的科學家。在104號以後的元素皆稱為超重元素。

105 Db 鉌
Dubnium

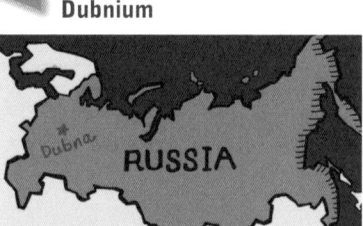

熔點 — 沸點 — 發現年份 1967年
發現者 佛雷洛夫（俄羅斯）等人　名稱由來 源自發現這種元素的城市名稱Dubna（杜布納）

杜布納是研究所所在的城市

人工製造的放射性元素。由蘇聯（俄羅斯）先發表了發現這個元素的報告，在尚未被認可的情況下，美國也發表了發現這個元素的報告。雙方皆堅持自己是獨立發現這個元素的，最後IUPAC認定是由蘇聯團隊發現了這個元素，並於1997年時確定了它的名稱。杜布納是位於莫斯科北方的城市，設有研究機構。

106 Sg 鐳
Seaborgium

熔點 — 沸點 — 發現年份 1974年
發現者 吉奧索（美國）等人　名稱由來 以科學家Seaborg（西博格）的名字命名

許多元素的發現都與他有關

由人工製造出來、具有放射性的元素。其化學性質雖然被認為應該與鎢相近，但詳細性質並不清楚。西博格是美國的科學家，他發現了以鈽為首的多個錒系元素。當提議以他的名字為新元素命名時，西博格仍在世。

107 Bh 鈚
Bohrium

熔點 — 沸點 — 發現年份 1981年
發現者 安布魯斯特、慕岑貝格（德國）等人
名稱由來 源自丹麥的理論物理學家Bohr（波耳）

丹麥的物理學家

德國的重離子研究中心以鉛與鉻為原料，人工製造出來的放射性元素。在這之前，蘇聯（俄羅斯）曾發表過發現了這個元素的報告，卻沒有被認可。在兩國協議下，元素名稱不取自兩國的人物，而是取自丹麥的物理學家波耳。

108 Hs 鏢
Hassium

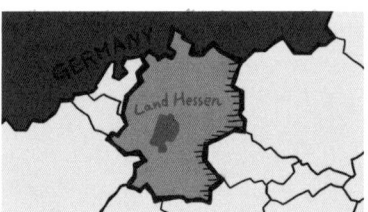

熔點 — 沸點 — 發現年份 1984年
發現者 安布魯斯特、慕岑貝格（德國）等人　名稱由來 源自研究所所在地的德國黑森邦的拉丁語名Hassia

以黑森邦之名

以鉛與鐵為原料，人工製造出來的放射性元素。德國的研究團隊首先發現了這種元素，隨後蘇聯（俄羅斯）也宣布合成成功。命名權在德國手上，但一直無法取得共識，直到1997年才決定以研究所所在地的黑森邦命名。

109 Mt 䥑
Meitnerium

常溫下的狀態

熔點 — 沸點 — 發現年份 1982年
發現者 安布魯斯特、慕岑貝格（德國）等人
名稱由來 源自奧地利的女性物理學家Meitner（邁特納）

命運多舛的女性物理學家

以鉍與鐵為原料，由人工製造出來的放射性元素。其化學性質雖然被認為與銥相近，但詳細性質並不清楚。元素名稱源自邁特納，她是一位奧地利猶太家庭出身的女性物理學家。為躲避納粹的迫害，而逃到了瑞典。

110 Ds 鐽
Darmstadtium

常溫下的狀態

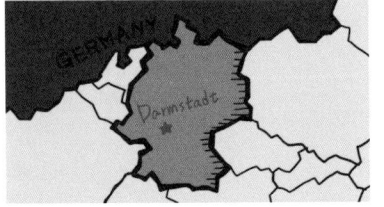

熔點 — 沸點 — 發現年份 1994年
發現者 安布魯斯特、霍夫曼（德國）等人 名稱由來 源自研究所所在地的德國都市Darmstadt（達姆城）

學術都市達姆城

以鉛與鎳為原料製造出來的放射性元素，詳細性質並不清楚。除了德國以外，俄羅斯與美國也發表了發現這種元素的報告，不過IUPAC認為德國的報告最為正確，故認可是德國團隊發現了這個元素。元素名稱源自研究所所在地的黑森邦達姆城。

111 Rg 錀
Roentgenium

熔點 — 沸點 — 發現年份 1994年
發現者 安布魯斯特、霍夫曼（德國）等人
名稱由來 源自德國的物理學家Röntgen（倫琴）

X光的發現者倫琴

以鉍與鎳為原料製造出來的放射性元素。其純金屬被認為是固態，但詳細性質並不清楚。元素名稱源自因發現X光而榮獲第1屆諾貝爾物理獎的倫琴。在他發現X光的約100年後，為了紀念便以他的名字命名這個新元素。

112 Cn 鎶
Copernicium

常溫下的狀態

熔點 — 沸點 — 發現年份 1996年
發現者 霍夫曼（德國）等人 名稱由來 源自波蘭出生的天文學家Copernicus（哥白尼）

提倡地動說的天文學家

以鉛與鋅為原料製造出來的放射性元素。其化學性質被認為與汞相近。在德國成功造出這個元素後，日本的理化學研究所也成功製造出了這個元素，但IUPAC認定是由德國發現了這個元素。其名稱源自於一改前人世界觀的科學家哥白尼。

113 Nh 鉨
Nihonium

常溫下的狀態 —

熔點 — 沸點 — 發現年份 2004年
發現者 森田浩介（日本）等理化學研究所之研究團隊
名稱由來 源自日本國名Nihon再加上「ium」

在日本發現的元素

人工製造出來的放射性元素。使用理化學研究所仁科加速器研究中心的重離子線性加速器，以鋅原子核撞擊鉍原子核後得到。IUPAC於2015年12月31日正式認可這個元素的發現，並於2016年11月30日時正式決定元素名稱與元素符號。這是週期表上第1個由亞洲發現的元素。

114 Fl 鈇
Flerovium

常溫下的狀態 —

熔點 — 沸點 — 發現年份 1998年
發現者 奧加涅相（俄羅斯）等人與美國的研究團隊
名稱由來 源自俄羅斯的核物理學家Flyorov（佛雷洛夫）

國際性的共同研究成果

在俄羅斯與美國的共同研究之下，以鈽與鈣為原料，由人工製造出來的放射性元素。在這之後，德國也發表了發現這個元素的報告。其化學性質被認為與鉛相近，或者類似於氫之類的惰性氣體，但詳細性質並不清楚。

115 Mc 鏌
Moscovium

常溫下的狀態 —

 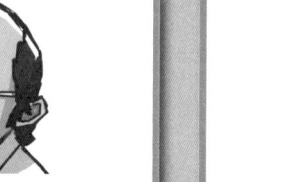 

熔點 — 沸點 — 發現年份 2004年
發現者 奧加涅相（俄羅斯）等人與美國的研究團隊
名稱由來 源自俄羅斯聯合原子核研究所所在的莫斯科州（Moscow Oblast）

以故鄉俄羅斯的首都為名

在俄羅斯與美國的共同研究之下，以鎇與鈣為原料人工製造出來的放射性元素。在這之後，德國也成功製造出了這種元素。化學性質與其他資料皆不清楚。與鉨在同一時間確定了元素名稱及元素符號。

116 Lv 鉝
Livermorium

常溫下的狀態 —

 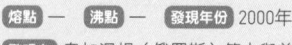

熔點 — 沸點 — 發現年份 2000年
發現者 奧加涅相（俄羅斯）等人與美國的研究團隊
名稱由來 源自美國的勞倫斯利佛摩國家實驗室所在的加州都市Livermore（利佛摩）

以實驗室所在的美國都市為名

在俄羅斯與美國的共同研究之下，以鋦與鈣為原料製造出來的放射性元素。化學性質不詳。由於在週期表中位於釙的下方，故也被稱為釙下元素（eka-polonium）。俄羅斯方也曾提議要以研究所所在地為新元素命名，但最後採用了美國方的命名提案。

117 Ts 砈
Tennessine

常溫下的狀態 一

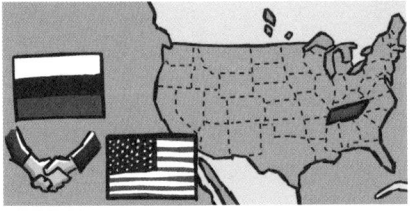

熔點 — 沸點 — 發現年份 2010年
發現者 奧加涅相（俄羅斯）等人與美國的研究團隊
名稱由來 源自實驗室所在的美國州名Tennessee（田納西）

鹵素之一

以鉍與鈣為原料人工製造出來的放射性元素。在俄羅斯與美國的共同研究團隊製造出這種元素後，德國團隊也成功製造出了這種元素。化學性質與其他資料皆不詳。由於這個元素與氟和氯等元素同屬「鹵素」，故其元素名稱也需以「-ine」做為結尾。與鉨在同一時間確定了元素名稱。

118 Og 鿫
Oganesson

常溫下的狀態 一

熔點 — 沸點 — 發現年份 2002年
發現者 奧加涅相（俄羅斯）等人與美國的研究團隊
名稱由來 源自俄羅斯科學家Oganessian（奧加涅相），他致力於新元素的研究

目前最重的元素

在俄羅斯與美國的共同研究之下，人工製造出來的放射性元素。在週期表中位於氡的下方，故被認為其性質應類似於不容易產生反應的惰性氣體。元素名稱需以「-on」做為結尾，是第1個依此規則命名的人造元素。與鉨在同一時間確定了元素名稱。

常溫下的狀態

熔點　　　沸點　　　發現年份
發現者
名稱由來

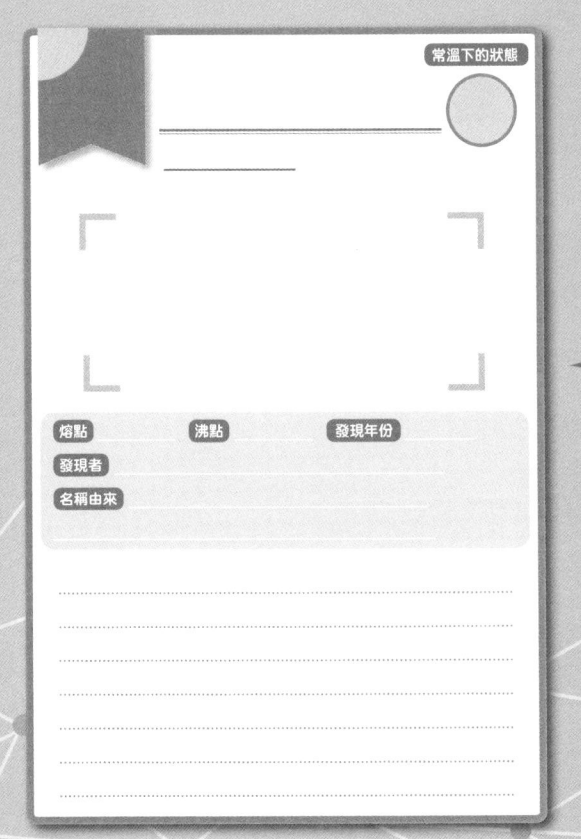

未來要是發現新元素的話，就請親手把它的資料寫在這張卡片內吧！

創造自己的週期表

原創元素卡

知道週期表的意義之後，不覺得週期表看起來更厲害、更美妙了嗎？這樣的話，應該會想要在自己房間內貼一張週期表吧？不過，也有些人不希望自己的週期表和其他人的週期表一模一樣，有這種想法的人，推薦你製作一張「專屬於自己的週期表」。不管是要做成巨大的週期表海報貼在牆上，還是要做成元素卡片帶著走，都可以享受到週期表的樂趣。請一定要挑戰看看！

製作方法

1 週期表每一格元素的格式可以分成簡易型與詳細型2種。請複印右頁的模板。如果一格大小是46×64mm（原尺寸）的話，做好的週期表就會是A1海報的大小；如果把一格放大到65×92mm的話，做好的週期表就會是A0海報的大小。

　　製作簡易版時，所有元素都可以用同一個模板製作；而製作詳細版時，由於第1～3週期、第4週期、第5週期、第6週期以後的元素，其電子殼層數目皆不同，請依元素所屬的週期選擇適當的模板。

2 請在書本或網路上查詢各個元素的資料，並將相關資訊填入模板。

> **查詢項目**
> 【簡易版】原子序、元素名稱、元素符號、族及週期、原子量、其他想知道的事（備註）
> 【詳細版】原子序、元素名稱、元素符號、族及週期、原子量、其他想知道的事（備註）、
> 　　　　　電子組態（沿著預先畫好的線，將各電子殼層的電子一一填入）

若能以不同外框顏色或文字顏色來區分元素的種類，成品就會更漂亮了。

3 將每個元素依照原子序，區分18族、7週期排列，並在下方列出鑭系、錒系2列元素，再用膠帶一一黏貼，或者將所有元素卡貼在另一張紙上，成為一整張元素週期表（如果要做成元素卡的話，保持原樣就好）。最後再拿其他紙張製作圖例，並寫上「週期表」等文字便完成了。

範例

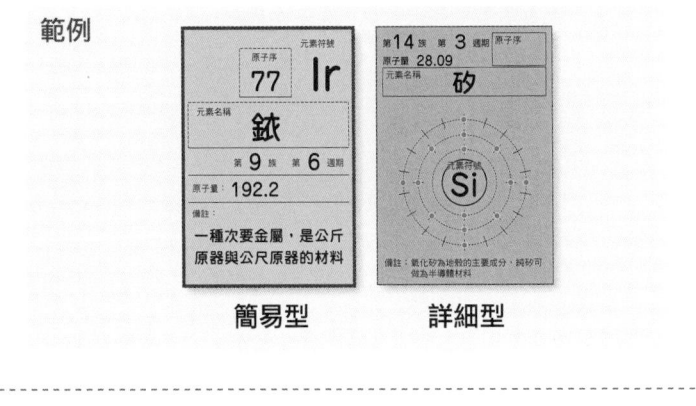

簡易型　　　　　詳細型

✂

模板

簡易型

原子序

元素符號

元素名稱

第　　族第　　週期

原子量：

備註：

詳細型

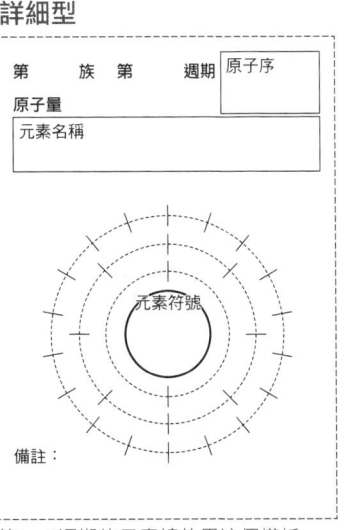

第1～3週期的元素請使用這個模板。

第　族第 **4** 週期　原子序

原子量

元素名稱

元素符號

備註：

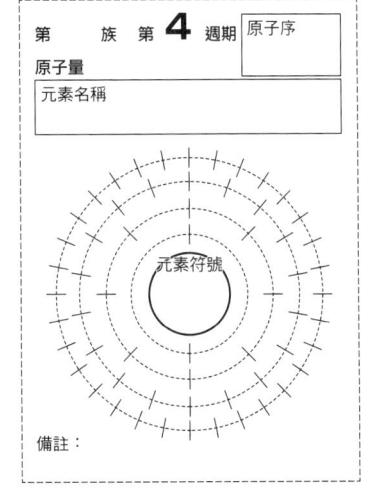

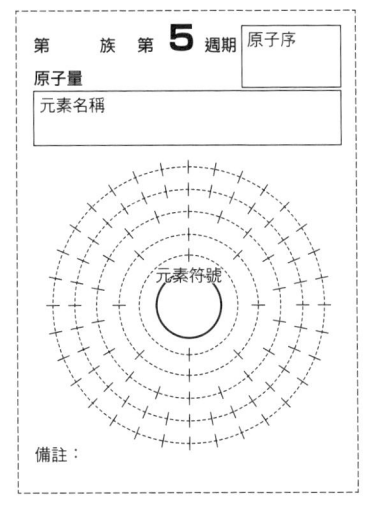

第　族第 **5** 週期　原子序

原子量

元素名稱

元素符號

備註：

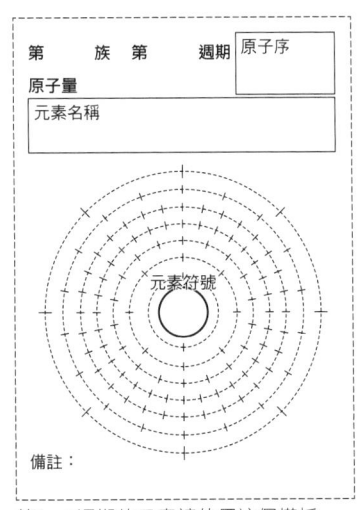

第　族第　　週期　原子序

原子量

元素名稱

元素符號

備註：

第6、7週期的元素請使用這個模板。

結語
·················

提到自然科學教科書中常見的元素週期表，是不是會讓你想起那段成天背誦「氫鋰鈉鉀……」等元素名稱的痛苦日子呢？不過，在看過本書之後，就一定可以理解到要付出多大的努力才能夠完成這張表。元素週期表正可說是「能組合出世界上任何物質的零件清單」，愈了解這張週期表，就愈能明白我們所居住的這個宇宙是怎麼形成的。然而再怎麼說，這本書也只是帶領各位踏進週期表的大門而已。從138億年前的宇宙誕生，一直到我們生活周遭的各種事物，以至於想要在未來實現的夢幻技術，週期表中蘊含了數不盡的故事。請務必將本書當成元素週期表的導覽，進入這深奧的世界中開始你的旅程。

製作本書時，獲得了理化學研究所研究顧問玉尾皓平先生、九州大學大學院理學研究院教授，同時也是鉨發現者的森田浩介先生的大力協助。另外，為了讓本書在鉨的元素名稱正式決定時能夠立刻出版，能夠寫稿的時間十分有限，不過山村紳一郎先生、荒舩良孝先生、佐藤健太郎先生、寺西憲二先生等多位執筆者能仍在短期間內寫出很棒的原稿，在此獻上誠摯的謝意。

2017年1月吉日

元素周期表PERFECT GUIDE編輯團隊

索引

參考文獻

第 1、2 章　體驗元素的世界！　特別專欄①②
《理科年表》國立天文台編，2016 年出版，丸善出版
《化学便覧　基礎編》改訂 5 版，2004 年出版，丸善出版
《子供の科学★サイエンスブックス　やさしくわかる放射線》床次眞司監修／山村紳一郎著，
2013 年出版，誠文堂新光社

參考網站
「一家に 1 枚　元素周期表（第 9 版）」について　文部科學省官網
http://www.mext.go.jp/a_menu/kagaku/week/1367085.htm
「原子量表（2012）」について　日本化學會原子量專門委員會
http://www.chemistry.or.jp/international/atomictable2012.pdf
理化學研究所　113 號元素特設網頁
http://www.nishina.riken.jp/113/index.html
IUPAC 官網
https://iupac.org

第 3 章
《元素はどうしてできたのか》櫻井博儀，2013 年出版，PHP 研究所
《元素 111 の新知識　第 2 版増補版》桜井弘，2013 年出版，講談社
《クォークから宇宙まで》核物理委員會（原子核談話會），2012 年出版

第 4 章
《元素 111 の新知識》桜井弘編，2009 年出版，講談社
《消失的湯匙（スプーンと元素周期表）》Sam Kean 著，2011 年出版，早川書房
《元素を巡る美と驚き》Hugh Aldersey-Williams 著，2012 年出版，早川書房
《化学物語 25 講》芝哲夫著，1997 年出版，化學同人
《理科年表》國立天文台編，2010 年出版，丸善出版
《化学便覧　基礎編》改訂 5 版，2004 年出版，丸善出版

第 5 章
《化学便覧　基礎編》改訂 5 版，2004 年出版，丸善出版
《元素の小事典》高木仁三郎，2011 年出版，岩波書店
《元素 111 の新知識　第 2 版増補版》桜井弘，2013 年出版，講談社
《目で見る元素の世界》齊藤幸一，2009 年出版，誠文堂新光社
《原子有話要說！元素週期表（マンガで覚える元素周期）》元素周期研究會，2012 年出版，誠文堂新光社

協力

玉尾皓平

1942 年出生於香川縣。理化學研究所研究顧問,豐田理化學研究所所長。京都大學名譽教授。曾任京都大學化學研究所教授、所長、理化學研究所新領域研究系統中心所長、基幹研究所所長。2012 年~2013 年度時任日本化學會會長。曾參與開發鎳觸媒的偶聯反應(熊田―玉尾―Corriu 偶聯反應)等。提倡「一家一張週期表」,主導由文部科學省委託的企劃、製作。致力於科技的啟發活動。獲頒 2016 年瑞寶重光章。

森田浩介

1957 年出生於福岡縣。九州大學大學院理學研究院教授,理化學研究所超重元素研究團隊團隊主持人。1984 年於九州大學理學研究科(物理學專攻)就讀博士時,進入理化學研究所擔任助理研究員。主要研究領域為「超重元素的合成」。曾任職於理化學研究所迴旋加速器研究室等,在擔任理化學研究所仁科加速器研究中心 RIBF 研究部門超重元素研究團隊領導人時,成功合成出 113 號元素,現在則以發現 119 號以上的新元素為目標,持續著研究工作。

執筆者

負責第 1 章、第 2 章、第 3 章(第 72 ~ 77、80 ~ 87 頁)、體驗元素的世界! PART1 ~ 5

山村紳一郎

科普作家,和光大學兼任講師。1956 年出生於東京都。曾任雜誌記者與攝影師,自 1982 年起,以自由作家的身分開始於科學雜誌、科普書籍上寫作。亦從事各類活動與科學館的展覽企劃、監修等工作。著作包括《あなたの知らないミミズのはなし》(大月書店)、《ミクロの写真館》(誠文堂新光社)等。

負責第 3 章(第 58 ~ 71、78 ~ 79 頁)

荒舩良孝

科普作家。曾於許多科學領域中取材,撰寫出多篇報導。每天都在想著如何用平易近人的方式,將日新月異的科學的有趣之處傳達給大眾。主要著作包括《5 つの謎でわかる宇宙》(平凡社)、《全人類で一斉にジャンプしたら地球は凹む?》(寶島社)、《ニュートリノってナンだ !?》(誠文堂新光社)等。

負責第 4 章

佐藤健太郎

1970 年出生。東京工業大學大學院碩士畢業。曾擔任藥廠研究人員、東京大學大學院特任助理教授,後成為科普作家。曾獲 2010 年科學記者獎、2011 年化學通訊獎。著作包括《炭素文明論》(新潮選書)、《世界史を変えた薬》、《ふしぎな国道》(講談社現代新書)等。

負責第 5 章

寺西憲二

東京都出身。早稻田大學社會科學部畢業。曾任職於編輯製作公司,亦曾於文部科學省轄下的獨立行政法人擔任編輯,目前則是自由作家。經手過自然科學類的出版物,包括《子ども科学技術白書》(科學技術振興機構)、《milsil》(國立科學博物館)、《子供の科学》(誠文堂新光社)、《冬蟲夏草原生態百科》(康鑑文化)、《看漫畫學元素週期表》(漫遊者文化)等。

日本版 STAFF

編輯協助	g.Grape 株式會社
插　　畫	片庭 稔、住井陽子、 半沢友代＋SPAIS、プラスアルファ
照片攝影	飯島 裕、青栁敏史
DTP	プラスアルファ

GENSO SHUKIHYO PERFECT GUIDE

© Seibundo Shinkosha Publishing Co., Ltd. 2017

Originally published in Japan in 2017 by Seibundo Shinkosha Publishing Co., Ltd., TOKYO.

Chinese translation rights arranged through TOHAN CORPORATION, TOKYO.

組成世界的微小存在
元素週期表超圖鑑

2019年10月 1 日初版第一刷發行
2021年 9 月15日初版第二刷發行

編　　著	元素周期表 PERFECT GUIDE 編輯團隊
譯　　者	陳朕疆
編　　輯	劉皓如
美術編輯	黃瀞瑢
發 行 人	南部裕
發 行 所	台灣東販股份有限公司
	＜地址＞台北市南京東路 4 段 130 號 2F-1
	＜電話＞（02）2577-8878
	＜傳真＞（02）2577-8896
	＜網址＞ http://www.tohan.com.tw
郵撥帳號	1405049-4
法律顧問	蕭雄淋律師
總 經 銷	聯合發行股份有限公司
	＜電話＞（02）2917-8022

國家圖書館出版品預行編目（CIP）資料

元素週期表超圖鑑：組成世界的微小存在 / 元
素周期表 PERFECT GUIDE 編輯團隊編；
陳朕疆譯. -- 初版. -- 臺北市：臺灣東販，
2019.10
160 面；18.2×25.7 公分
ISBN 978-986-511-131-1（平裝）

1. 元素 2. 元素週期表

348.21　　　　　　　　　108014602